한계상태법
VS
허용설계법

개정판

철골구조

STEEL-FRAME STRUCTURE

김영수 저

문운당

머리말

학교에서 강의를 한지 27년이 지났지만 교육에 대한 정답을 찾기는 쉽지 않고, 본 교재는 실무에서의 경험과 학교 수업을 하면서 아쉬웠던 부분을 정리해 보았다. 강구조를 배우는 학생들과 구조분야의 실무를 처음 접하는 사람들에게 전반적인 철골 구조계산의 과정을 알기 쉽게 설명하고자 노력하였다.

전체 내용은 2부로 구성되어 있는데, 1부는 철골구조의 전반적인 이론과정(한계상태법&허용응력설계법)을 요점 위주로 정리하였고, 2부는 실무에서 사용되는 구조계산의 과정을 손계산 과정과 프로그램을 사용하여 접근해 가는 입문과정으로 정리하였다. 또한 부록은 1부와 2부에 필요한 기본적인 사항을 언급하였다.

이 책을 집필하면서 실무에서 실제 사용되고 있는 철골구조의 설계 과정을 가능한 한 폭넓게 다루려 하였으나 아직 많이 미비한 상태이다.

그러나 이런 미비한 점들과 현재 구조설계의 방법인 한계상태설계법은 점차 개정 보완을 통해서 반영될 수 있을 것으로 기대해 본다.

마지막으로 이 책을 편집하느라 수고해주신 문운당 여러분께 진심으로 감사 드리고, 본 교재가 나올 수 있도록 감수해 준 장화균교수님, 실무파트의 프로그램을 담당한 문오근전무님과 본교 건축 구조반 졸업생인 송환희에게 깊은 감사를 드린다.

2021년 6월

저자 씀

목 차

제 1 부 강구조의 기본 개념

1 장 철골구조의 개요

2 장 강구조의 접합

3 장 인장재

4 장 압축재

3장 평면도 및 입면도

4장 설계하중

5장 구조설계 프로그램에 의한 구조계산

6장 손계산에 의한 구조설계

7장 접합 상세도

부 록

제 1 부

강구조의 기본 개념

1

철골구조의 개요

1-1 철의 역사

1-1-1 철골구조의 발달

철골은 구조용 강재로 압연된 각종 형강을 볼트, 용접 등의 방법으로 접합한 구조로 철근콘크리트구조와 함께 현대의 대표적인 건축구조이다. 건축이나 토목에서 철골구조체는 여러 종류의 건물과 철교, 고속도로, 교량 등에 광범위하게 이용된다. 특히, 초고층 건물이나 장스팬화 된 구조물은 강재를 이용해야만 하는 경우가 있고, 공장생산 부재의 현장조립에 의한 현장작업의 편의성, 시공기간의 단축 등으로 최근에 우리나라에서도 수요가 급증하고 있다. 이러한 철골구조의 발달사에 대해 살펴보면 다음과 같다.

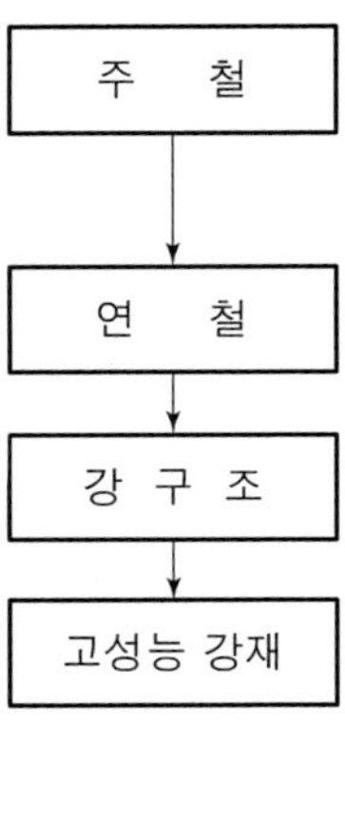

부스러지기 쉽고 인장보다 압축에 강함
파괴 원인 : 주철의 취성과 불충분한 구조지식
예) 홋즈킨스보
인장에 강하고 충격에 의한 손상도 약함
예) 에펠탑
연철보다 강함
1921년 형강 생산
1990년 이후 고층화, 장스팬화 된 건물에 사용
예) 포스코 센터, 타워 팰리스(SM 460)

1-1-2 현대 철골구조

(1) 국 외

① 콜 부룩데일교(Coal Brookdale) 1779년 영국
② 수정궁 1851~1936년 영국
③ 에펠탑 1889년 프랑스
④ 엠파이어 스테이트 빌딩(102층) 1931년 미국
⑤ 세계무역회관(110층 높이 410 m) 1970년 미국
⑥ Sears Tower(높이 435 m) 1973년 미국

(2) 국 내

① KAL 빌딩 1967년 H형강(SS400)
② 3 · 1빌딩 1970년 철골라멘구조
③ 63빌딩(높이 264 m) 1984년 강접골조에 가새구조
④ 한국종합무역센터(55층 높이 227 m) 1988년 박스형 기둥 사용
⑤ 롯데월드타워(123층 높이 555 m)

1-1-3 철골구조의 특징

(1) 장 점

① 건축재료 중 가장 강한 재료
② 큰 스팬, 높은 건물에 적합
③ 재료의 품질확보가 용이하고 해체 후 재사용이 가능함
④ 공장가공이 많으므로 공기 단축 가능
⑤ 인성이 있어 안전도가 높은 구조
⑥ 단면이 작아도 되고 자중이 감소됨

(2) 단 점

① 부재가 세장하므로 변형 · 좌굴이 생기기 쉬움

(a) 수정궁

(b) 부산 롯데월드

(c) 콜 부룩데일교

(d) 에펠탑

그림 1-1

② 내화 · 내구성이 떨어짐
③ 조립구조이므로 접합에 주의해야 함
④ 처짐 및 진동에 의해 거주자에게 불쾌감을 줄 수 있음

1-2 강 재

1-2-1 구조용 강재

철골구조용으로 사용되는 강재는 표 1-1과 같다.

표 1-1 구조용 강재

명 칭	종 류
일반구조용 압연강재 (KS D 3503)	SS 275(SS 400), SS 315(SS 490) SS 410(SS 540), SS 450(SS 540)
용접구조용 압연강재 (KS D 3515)	SM 275(SM 400), SM 315(SM 490) SM 420(SM 520)

주 : ( ) 속은 옛날 기호임

SS | 275

SS : Steel Structure
SM ; Steel Marine
SN : Steel New

강재의 인장강도
275 -> 275 MPa
410 -> 410 MPa

표 1-2 강재의 f_y, F_t 값 (단위 : MPa)

강재 종별 (t는 판두께 [mm])		SS 275 SM 275	SM 315	SMA490TMC	SM 520	SM 570
F_y	$t \le 40$	275	315	3.3	3.6	4.1
	$40 < t \le 100$	255	295	3.3	3.4	4.1
F_t	$t \le 100$	410	490			

(1) 구조형 강재의 단면 형상

① ㄱ형강(angle)

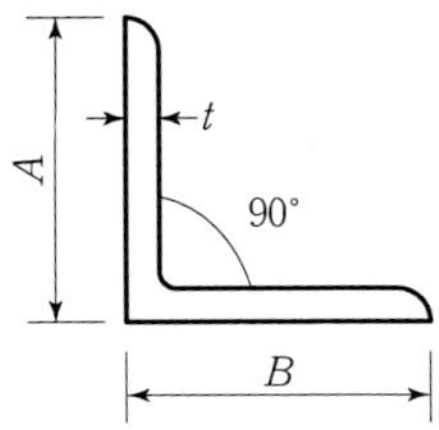

$A \times B \times t$

표기방법 : L $-A\times B\times t$

2L $-A\times B\times t$

예) L − 65 × 65 × 6 (등변ㄱ형강)

L − 100 × 75 × 7 (부등변ㄱ형강)

2L − 65 × 65 × 6

② ㄷ형강/C형강(channel)

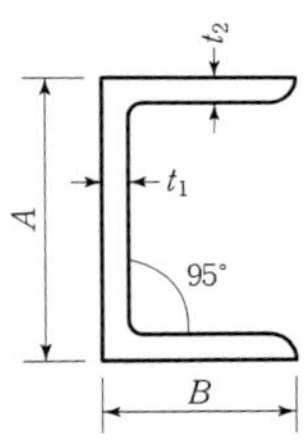

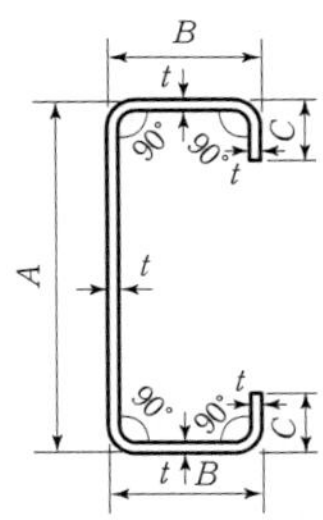

표기방법 : ㄷ $-A\times B\times t_1\times t_2$

예) ㄷ − 125 × 65 × 6 × 8

표기방법 : C $-A\times B\times C\times t$

예) C − 125 × 50 × 20 × 3.2

③ H형강/I형강

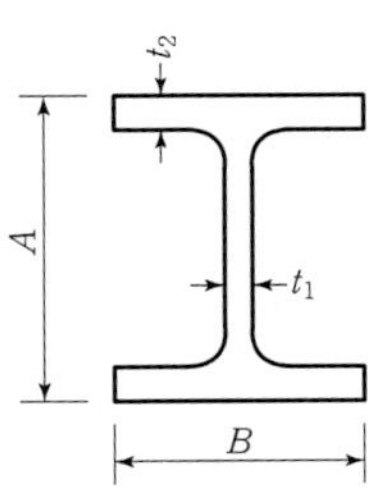

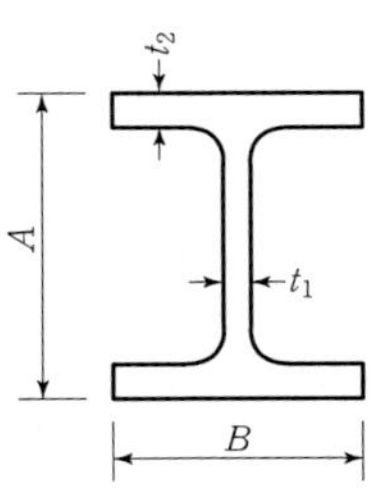

표기방법 : H $-A\times B\times t_1\times t_2$

예) H − 200 × 100 × 5.5 × 8

표기방법 : I $-A\times B\times t_1\times t_2$

예) H − 200 × 100 × 7 × 10

광폭계열(H − 200 × 200 × 8 × 10 등)

중폭계열(H − 194 × 150 × 6 × 9 등)

세폭계열(H − 200 × 100 × 7 × 10 등)

기둥(광폭 및 중폭계열),

보(중폭 및 세폭계열)

④ T형강(CT형강)

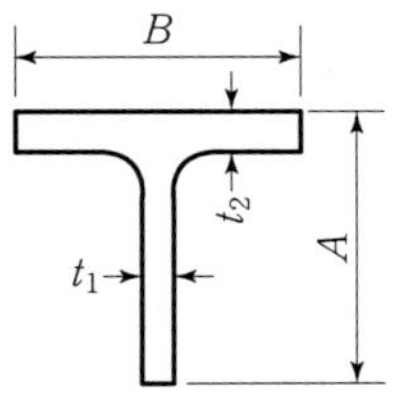

표기방법 : T$-A\times B\times t_1\times t_2$

예) T$-125\times125\times6\times9$

⑤ 각형강관/원형강관

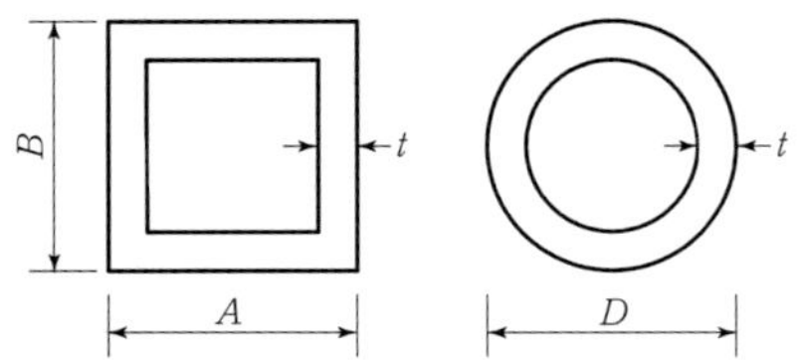

표기방법 : ㅁ$-A\times B\times t$

예) ㅁ$-60\times30\times2.3$

표기방법 : $\phi-D\times t$

예) $\phi-500\times12$

(2) 형강의 단면성능과 사용용도(부록 C 참조)

표 1-2 H형강의 단면성능

치수			단면적 (㎟)	단위중량 (N/m)	단면2차 모멘트 (*10^3 ㎜^{4})	단면2차 반경 (㎜)	단면계수 (㎣)	휨응력 단면성능
$A\times B$	t_1	t_2						

① 단면적 [㎟] : 기둥의 설계시 이용, 단위중량 산정시 필요하다.

② 단위중량 (N/m] : 물량 산출시 이용한다.

③ 단면2차모멘트 [*10^3㎜^{4}] : 처짐계산 및 단면계수 산출시 사용한다.
강축방향에 대해서는 I_x, 약축방향에 대해서는 I_y를 사용한다(단면2차반경, 단면계수도 동일함).

④ 단면2차반경 (㎜] : 기둥의 세장비 산정시 사용한다.

⑤ 단면계수 [㎣] : 휨응력(σ_b) 산정시 사용한다.

⑥ 휨응력 단면성능 : 허용휨응력도(f_b) 산정시 사용한다.

1-2-2 강재의 기계적 성질

(1) 인장강도시험

강재의 기계적 성질을 알기 위해서 인장강도시험을 하여야 한다.

인장강도시험은 규격에 맞게 제작된 인장시험편을 만들어 파단에 이를 때까지 잡아당겨 보는 시험이다.

① 응력도 : $\sigma = \dfrac{P}{A}$

② 변형도 : $\epsilon = \dfrac{\Delta L}{L_0}$

여기서 P : 인장력 A : 단면적

L_0 : 처음길이(표점거리) ΔL : 늘어난 길이

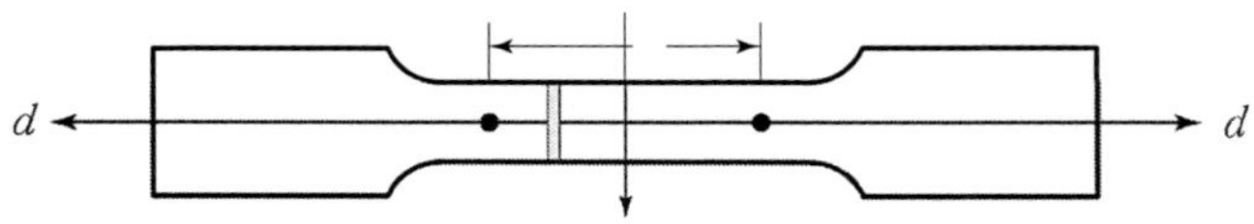

그림 1-2 인장시험편

③ 인성과 취성

- 인성 : 내력의 저하를 동반하지 않고 큰 변형에 견디는 능력
- 취성 : 힘을 받는 부재에 큰 변형이 생기지 않고 부재응력이 탄성한계에 있을 때 파괴되는 현상
- 피로 : 변동하는 하중을 받을 때 하중에 의한 최대응력이 정적인 파괴응력보다 작은 경우에도 여러 번의 반복 후에 파괴되는 것을 피로파괴라 하고 이와 같은 현상을 피로(fatigue)라 한다.

(2) 응력-변형도 곡선

구조용 강재의 인장시험편에 인장력을 가하면 그림 1-3와 같은 응력-변형도 곡선이 얻어진다.

① $0a$: 훅의 법칙이 성립되는 범위
a 점 : 비례한도

$E = \sigma/\epsilon$ (여기서 E : 탄성계수, ϵ : 변형도, σ : 응력)

② b 점 : 탄성한도(탄성관계를 유지하는 한계점)

③ c 점 : 상위항복점, d 점 : 하위항복점

④ e 점 : 항복이 끝나고 e 점에서 응력도가 다시 상승하는데 이 현상을 변형도 경화라 한다.

⑤ f 점 : 응력도가 증가하여 f 점에서 최대값을 나타내는데 이 응력도를 인장강도라 하며 g 점에서 파단된다.

⑥ g 점 : 파괴점

* 루다선 : d 점을 지나면 최대전단응력도가 생기는 단면, 즉 항복을 의미하는 선

(3) 강재 상수

① 탄성계수(영계수) : $E_s = 206{,}000\ \mathrm{N/mm^2}$

② 푸아송비 : 축하중을 받는 부재에서 하중 작용방향의 변형도에 대한 가로방향 변형도의 비를 말하며 강재에서 탄성역에서 0.3, 소성역에서 0.5이다.

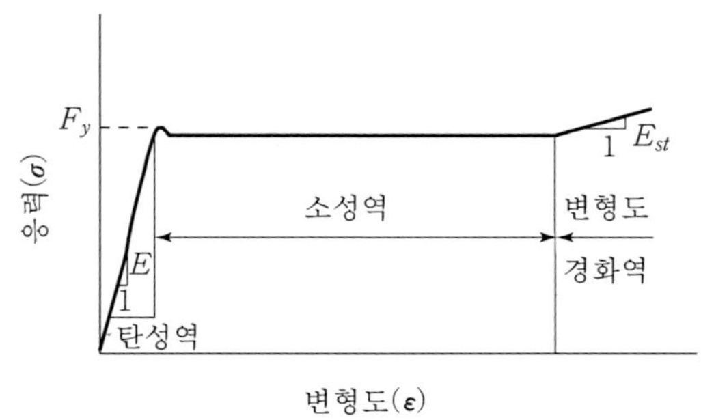

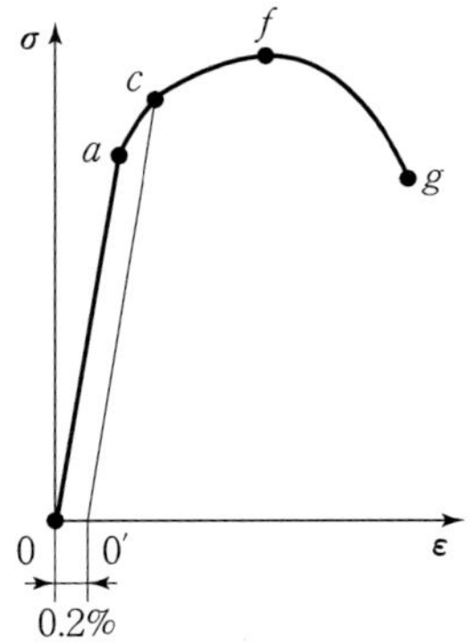

그림 1-3 응력-변형도 곡선

1-3 강재의 설계법

1-3-1 한계상태설계법(Limite State Design)

한계상태설계법은 허용응력설계법의 단점을 보완하기 위하여 제안된 설계 방법으로 재료의 한계상태에 대해 안전성을 고려하였다. 여기서 한계상태란 어떤 구조체나 그 구조체의 일부가 고유의 기능을 더 이상 수행할 수 없는 조건을 의미한다. 구조물의 저항능력을 R, 작용하는 하중효과를 확률변수 Q로 나타내면

$$R > Q \quad \text{안전}$$
$$R < Q \quad \text{파괴}$$
$$R = Q \quad \text{한계상태}$$

① 미국에서는 계수설계법(load and resistance factor design)이라는 명칭으로 사용하고, 다른 국가에서는 한계상태설계법으로 사용하고 있다.
② 한계상태는 강도한계(strength limit)와 사용성 한계(serviceability limit)의 두 범주로 분류된다.
③ 강도한계상태는 구조체에 작용하는 하중이 부재의 강도보다 커져 구조체가 붕괴되는 상태를 말하며, 보의 휨파괴, 기둥의 압축파괴, 소성힌지의 과다 발생으로 인한 소성기구의 형성 등도 강도한계상태에 속한다.
④ 사용성 한계상태는 구조체가 붕괴되지 않아도 구조 기능이 저하하여 외관·유지관리·내구성 및 사용이 부적합하게 되는 상태로 과다한 변위와 국부손상 및 진동이 사용성 한계상태에 속한다.
⑤ 허용응력설계법에 비해 합리적이고 확률을 기초로 한 설계방법이다.
⑥ 한계상태설계법은 다음의 설계방법을 포함하고 있다.

- 극한강도 설계
- 강도 설계
- 소성설계
- 하중계수 설계
- 극한 설계

⑦ 붕괴의 경우를 고려하며 각 경우에 필요한 하중계수와 저항계수를 정하여야 한다.

1-3-2 한계상태설계의 기초

(1) 소요강도와 설계강도

구조체의 어떤 부재나 접합부는 소요강도가 설계강도보다 작아야 한다는 조건을 만족시켜야 한다.

$$\sum r_i Q_i \leq \Phi R_n \tag{1.1}$$

여기서 r_i : 하중계수 Q_i : 하중효과

Φ : 저항계수 R_n : 공칭강도

(2) 하 중 계 수

하중계수를 사용하는 것은 고정하중과 활하중의 크기를 결정하면서 불확실성에 대비해 하중을 증가시키므로 좀더 정확히 예측할 수 있는 고정하중보다 활하중의 하중계수값이 크다.

$$U = 1.4(D+F) \tag{1.2}$$

$$U = 1.2D + 1.6L + 0.5\ (L_r \text{ 또는 } S,\ R) \tag{1.3}$$

여기서 U : 극한하중 D : 고정하중 F : 용기내용물 하중

L : 활하중 L_r : 지붕의 활하중

S : 눈하중 S : 비 또는 얼음에 의한 하중

(3) 저항 계수

설계자는 구조해석 이론의 부정확성, 재료 성능의 변화 및 부재의 부정확한 치수 등 때문에 부재의 강도를 정확히 추정할 수 없다. 이에 공칭강도라고 불리는 이론적 극한강도에 저항계수 Φ를 곱하여 설계강도로 사용한다.

표 1-3 부재력에 의한 저항계수

부재력의 종류	파괴의 형태	저항계수
인 장 력	총단면 항복의 경우	0.9
	순단면 파괴의 경우	0.75
	핀접합 판재의 경우	0.75
압 축 력	국부좌굴이 발생 안될 경우	0.85
휨 모멘트	국부좌굴이 발생 안될 경우	0.9
전 단 력	총단면 항복의 경우	0.9
	전단 파괴의 경우	0.75
국부하중	플랜지의 휨 항복	0.9
	웨브의 국부항복	1.0
	웨브의 크립플링	0.75 또는 0.85
	웨브의 압축좌굴	0.9
고력볼트	인장 파괴의 경우	0.75
	전단 파괴의 경우	0.6

1-3-3 허용응력설계법(Allowable Stress Design)

구조물의 설계는 한계상태설계법, 강도설계법, 허용응력설계법 등으로 구분할 수 있다.

허용응력설계법은 탄성범위에서 설계하는 방법으로 구조체에 하중이 작용시의 응력(σ)이 부재가 견딜 수 있는 허용응력(f)을 초과하지 않도록 설계하는 방법으로 신뢰성에 바탕을 둔 설계법으로, 자세한 내용은 7장에서 살펴보기로 하겠다.

$$\sigma = \frac{N}{A} < f \tag{1.4}$$

2

강구조의 접합

2-1 접합의 기본

철골구조는 공장에서 정해진 형상치수로 절단 · 구멍뚫기 · 용접접합에 의해 제작된 철골부재를 현장에 반입하여 조립한 구조체이다.

표 2-1 각종 접합법의 특성

접합의 종 류	시공성			신뢰성			경제성		종합 평가	비 고
	시공의 난의성	확실성	검사의 난의성	강도	강성	내구성	이음 효율	가격		
볼 트 접 합	○	×	○	△	×	△	×	○	△	접합부가 미끄러지기도 하므로 경미한 구조에서만 사용 가능하다.
리 벳 접 합	△	△	△	○	○	○	○	○	○	소음이 있고 복잡하므로 도심의 공사에서는 사용할 수 없다(현재 사용치않음)
고력볼트 접합	○	○	△ ◎*	◎	◎	○	○	△	◎	마찰면 처리 · 가체결 등 시공관리가 중요하다.
용 접 접 합	○	○	△	◎	◎	◎	◎	△	◎	자격이 있는 작업원이 적정 조건으로 용접하여야 하며 검사시행이 특히 요구된다.

주) × : 나쁘다 △ : 약간 나쁘다 ○ : 보통 ◎ : 좋다
* 특수 고력볼트인 경우

구조뼈대의 접합에는 리벳접합, 볼트접합, 고력볼트접합, 용접접합이 있으며, 이는 안정성과 공사비의 경제성 확보에도 중요한 영향을 준다. 각종 접합법의 특성을 살펴보면 표 2-1과 같다.

2-2 볼트접합

(1) 볼 트 접 합

볼트접합은 구조용 강재의 접합되는 부재에 구멍을 뚫어 너트로 체결하는 접합방법으로 그림 2-1과 같다.

① 볼트와 구멍 사이의 틈이 있어 경미한 구조재나 가설건물 등 소규모 건물에만 사용한다.

② 접합부에 강성이 낮고 진동이나 반복하중을 받는 곳이 풀릴 염려가 있다.

③ 게이지 라인(gagl line) : 리벳의 중심을 연결한 선

④ 피치(pitch) : 리벳 상호간의 중심간격으로 표준은 리벳지름의 4배, 최저는 2.5배로 한다.

⑤ 최소연단거리 : 리벳지름의 1.6배~1.8배

⑥ 볼트의 형식 : ㉮ 전단저항

㉯ 인장저항

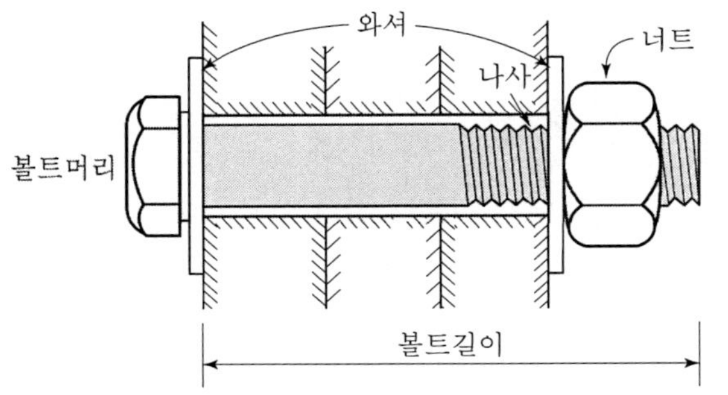

그림 2-1 볼트접합의 형태

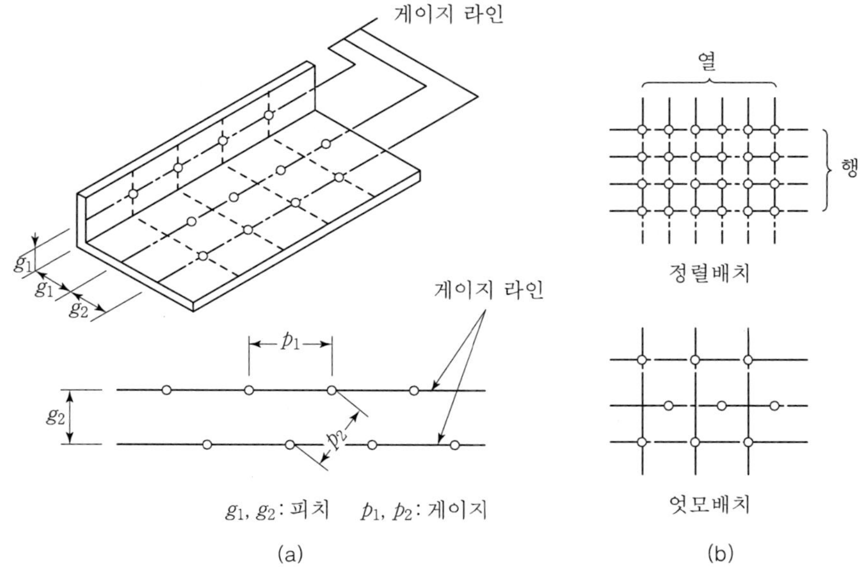

그림 2-2 볼트의 배치

표 2-2 볼트 및 고력볼트 구멍지름

공칭축지름(d)	d < 27 mm	d ≥ 27 mm	비고
볼트 구멍	d+2.0	d+3.0	

(2) 볼트의 내력

리벳접합과 볼트접합은 같은 형태의 접합으로 그림 2-3과 같이 전단접합(1면, 2면)과 인장접합이 있다.

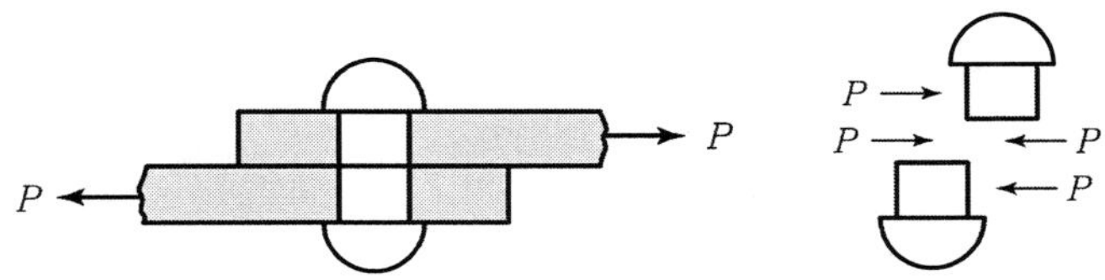

(a) 1면 전단접합

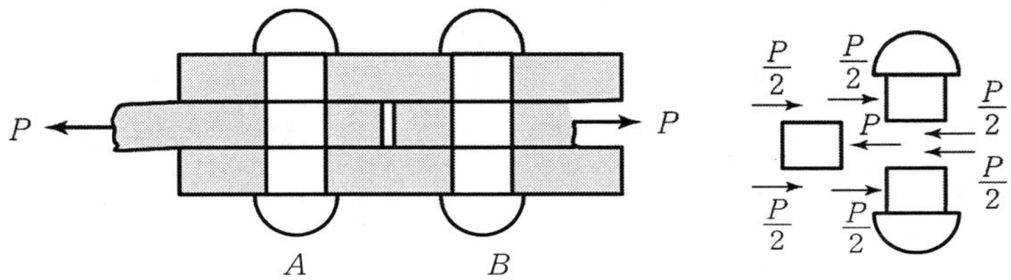

(b) 2면 전단접합

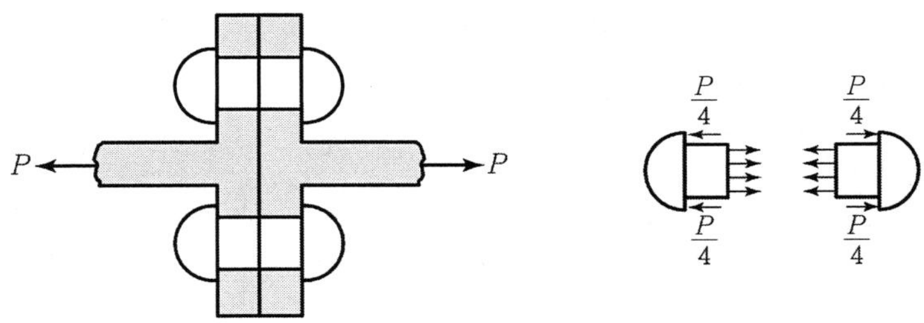

(c) 인장접합

그림 2-3 접합의 형태

① 볼트, 고력볼트의 전단력

$$P_{nv} = n A_b F_{nv}, \quad \phi_v = 0.75 \tag{2.1}$$

• 피접합재의 설계지압강도 $R_n = 1.2 L_c t \times F_u \le 2.4 d_t F_u \quad \Phi = 0.75$ (2.2)

② 볼트, 고력볼트의 인장력

$$P_{nt} = A_b \times F_{nt}\,,\quad \phi_t = 0.75 \tag{2.3}$$

여기서 P_{nv} : 전단력
R_F : 지압력
P_{nt} : 인장력
F_{nv} : 고력볼트의 전단강도
F_{nt} : 고력볼트의 인장강도
A_b : 볼트의 단면적(㎟)
d : 볼트의 지름
R_n : 볼트의 공칭강도
t : 피접합재의 두께
L_c : 하중방향 순간격

예제 2-1 그림 2-5와 같이 2L−75×75×6이 두께 9 mm의 덧판(gusset plate)에 3개의 M16(F10T) 고력볼트로 접합되어 있을 때 L형강이 지지할 수 있는 설계인장력의 크기는 얼마인가? (단, 강재의 재질은 SS275로 한다.)

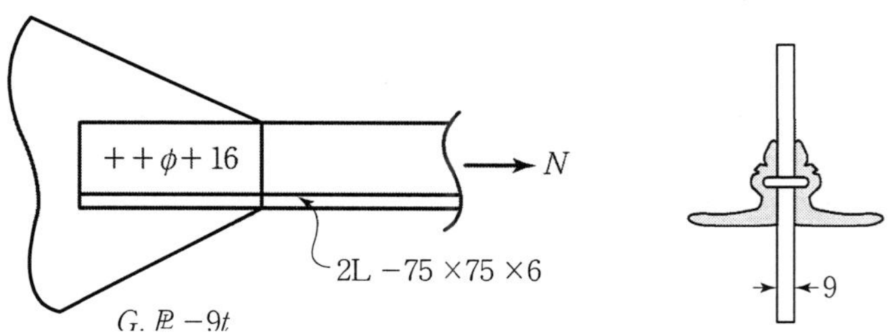

그림 2-4

풀이 1) 2면전단일 때 고력볼트 1개의 설계전단력은

$$\Phi_v P_{nv} = \Phi_v n A_b F_{nv},$$

$$= 0.75*2*\frac{3.14\times 16^2}{4}*400*10^{-3} = 120.7\text{KN}$$

$$(F_{nv} = 0.4F_v = 0.4*1000 = 400\text{N/mm}^2)$$

고력볼트 1개의 설계전단력은은 120.7 KN이며, 3개의 고력볼트에 의해 지

지되는 전단력의 크기는 $N = 3 \times 120.7 = 362.1\,\mathrm{KN}$이 된다.

2) 설계지압강도

$$\Phi R_n = \Phi 1.2 L_c t \times F_u = 0.75*1.2*(45-22/2)*9*410*10^{-3} \text{ 에서}$$

$$= 112.9 \text{ KN}$$

$$\leq \Phi 2.4 d_t F_u = 0.75*2.4*16*9*410*10^{-3} = 106.3 \text{ KN}$$

3개의 볼트에 의해 자지되는 인장력의 크기는 $N = 3 \times 3.62 = 10.86\,\mathrm{tf}$이 다.

2-3 고력볼트접합

고력볼트접합은 볼트접합과 형태가 비슷하며 고인장강도의 볼트를 사용하므로 접합면에 강한 긴결력을 이용해 높은 접합강성과 강도를 얻으려는 접합방식이다. 고력볼트의 형태는 그림 2-5의 육각볼트와 TS볼트의 두 가지가 있다.

그림 2-5 고력볼트의 형태

① 볼트, 너트, 와셔를 한 세트로 사용한다.

② 기계적 성질에 의한 고력볼트의 등급에는 F8T, F10T, F13T가 있다.

③ 볼트의 조임에는 수동의 토크 렌치(torgue wrench)나 동력에 의한 임팩트 렌치(Impact wrench)를 쓴다.

④ 볼트는 가운데부터 가장자리로 향해 차례로 조인다.

⑤ 게이지, 피치 등은 리벳과 볼트에 준한다.

표 2-3 고장력볼트 및 볼트의 재료강도(단위 : N/㎟)

종류 / 강도	고장력볼트			SS400, SM400
	F8T	F10T	F13T	중볼트
F_y	640 이상	900 이상	1,170 이상	235
Fu	800~1,000	1,000~1,200	1,300~1,500	400

표 2-4 고장력볼트 및 설계볼트강도(단위 : KN)

호칭 / 종류	M16 (A_b=201㎟)	M20 (A_b=314㎟)	M22 (A_b=380㎟)	M24 (A_b=453㎟)
F8T	84	132	160	190
F10T	106	165	200	237
F13T	137	214	259	308

2-4 용접접합

용접은 고체상태인 2개 물체를 높은 열을 이용해 녹인 다음 서로 접합시키는 방법으로, 용접된 부분은 용접이음매라 하며 용접형태는 그림 2-6과 같이 여러 가지 형이 있다.

① 용접은 열원에 따라 아크용접, 가스용접, 테르밋용접 등이 있으며, 아크용접이 구조용 강재의 접합방법으로 많이 사용되고 있다.
② 아크용접은 용접봉과 모재(母材) 사이에 전기아크를 발생시켜 이 열을 이용해 모재의 일부와 용접봉을 녹여서 접합하는 방법이다.
③ 용접구조는 일체구조이므로 한 곳의 균열이 전단면에 전파되어 취성파괴를 일으킬 위험이 있다.
④ 용접은 이음구조가 간단하고 작업시 소음이 적으며, 모양을 자유롭게 할 수 있으며 소량 생산에도 적합하다.

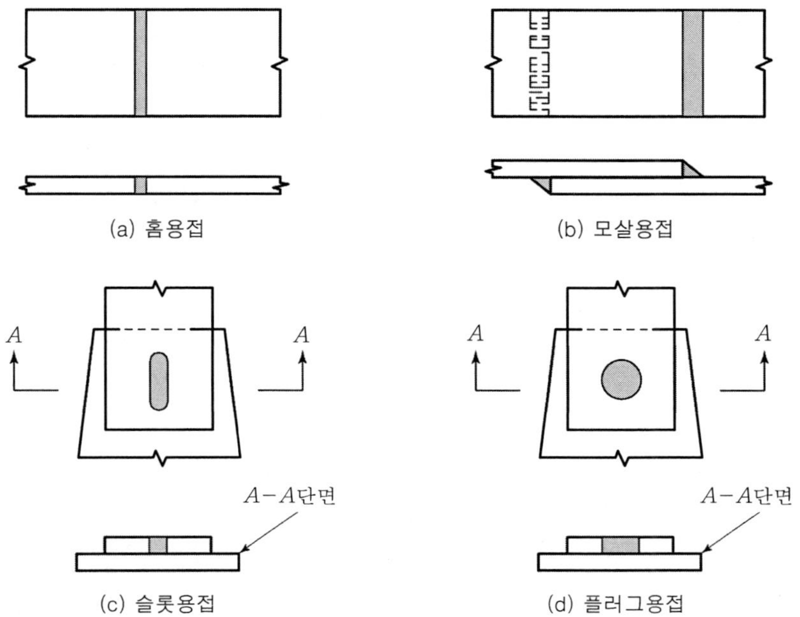

그림 2-6 용접형태

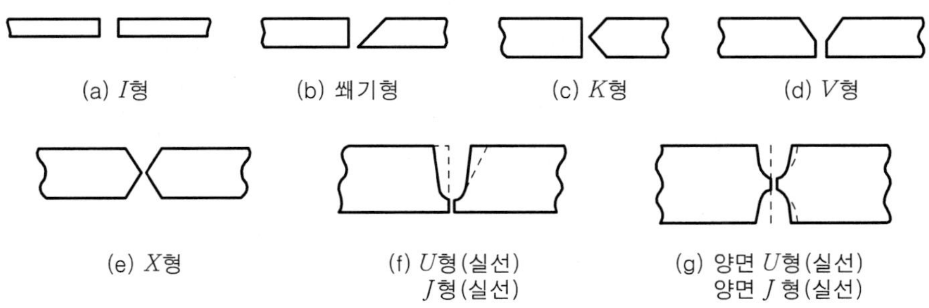

그림 2-7 맞댄용접의 종류

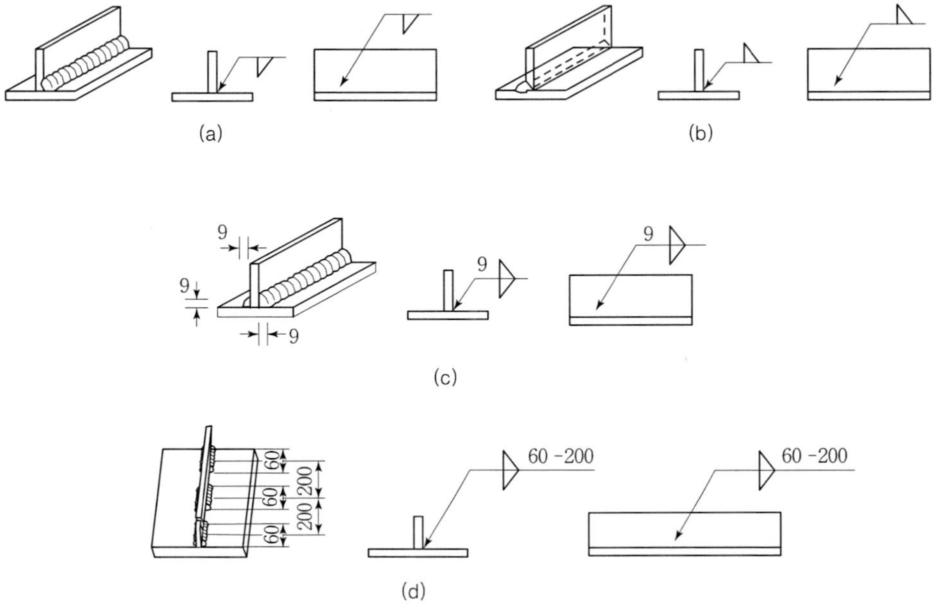

그림 2-8 모살용접의 종류

⑤ 용접이음매의 기본형은 다음과 같다.

- 맞댄용접(butt weld) : 가스절단에 의해 접합하고자 하는 두 부재의 면 사이에 홈을 만들어 용접하는 방법
- 모살용접(fillet weld) : 서로 직교하는 용접면에 삼각형 모양의 단면을 가진 용접방법으로 가장 널리 사용
- flare groove weld : 맞댄용접과 모살용접의 중간적인 접합방법

⑥ 용접 기호

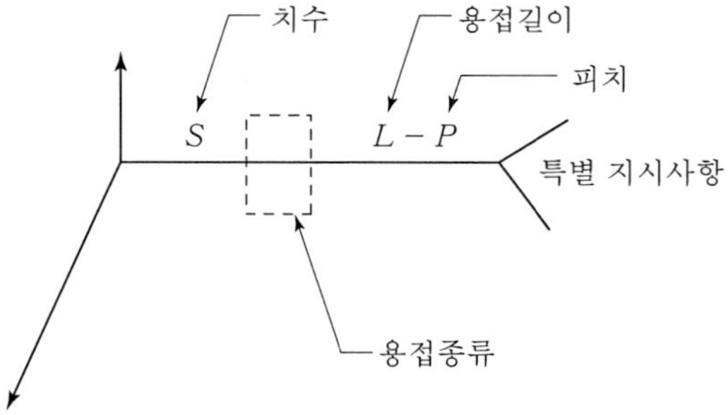

그림 2-9 용접 기호

⑦ 용접부의 결손

- 오버랩(over lap) : 용접단에서 용융된 금속만 녹고 모재는 함께 녹지 않아 모재 표면을 단순히 덮고만 있는 상태로 용접전류가 너무 약하거나 용접속도가 느릴 때 생길 수 있으며 응력집중, 부식촉진 등이 나타나기 쉽다.
- 언더 컷(under cut) : 용접단에서 모재가 많이 녹아 오목하게 된 상태로 모재의 단면감소와 응력집중의 원인이 된다.

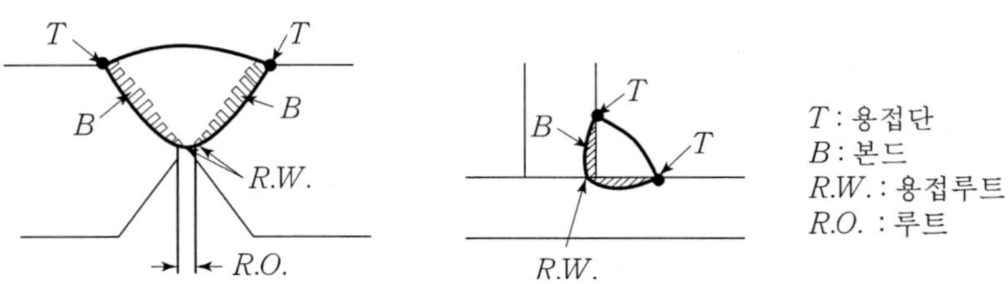

그림 2-10 용접이음매의 명칭

(a) 오버 랩 (b) 언더 컷

그림 2-11 용접부의 결손

⑧ 용접부의 유효단면적

맞댄용접이나 모살용접에서 유효단면적 A_e는 유효목두께 a와 유효용접길이 l_e의 곱으로 나타낼 수 있다.

$$A_e = a \times l_e$$

⑨ 용접검사

- 파괴시험법 : 인장시험, 경도시험, 굽힘시험
- 비파괴시험법 : 육안검사, 초음파검사, 방사선투과검사

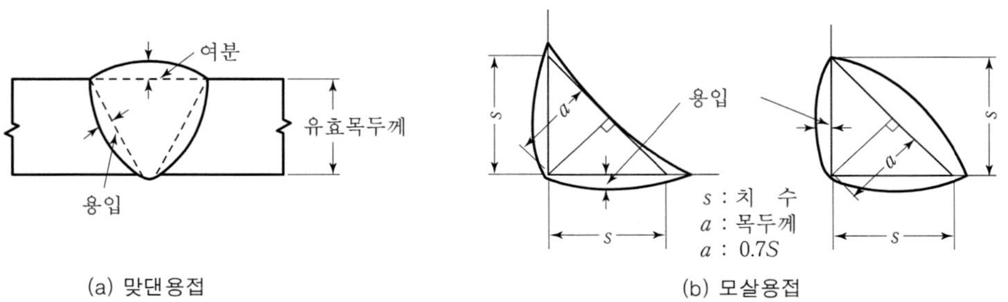

그림 2-12 용접 이음매의 주요 치수

3

인 장 재

3-1 인장재의 개요

구조부재에서 인장력을 받는 부재를 인장재(引張材 ; tension memder)라고 한다. 철골구조에서 인장재의 예로는 트러스의 현재, 가새, 타이 바(tie bar) 등이 있는데 형강, 봉강, 평강 등이 사용된다.

인장재는 압축재 또는 휨재와는 달리 좌굴이 생기지 않으나 접합부에서 볼트 등의 설치로 인한 구멍에 의해 단면결손이나 응력집중 등이 생기므로 설계시 반영해야 한다.

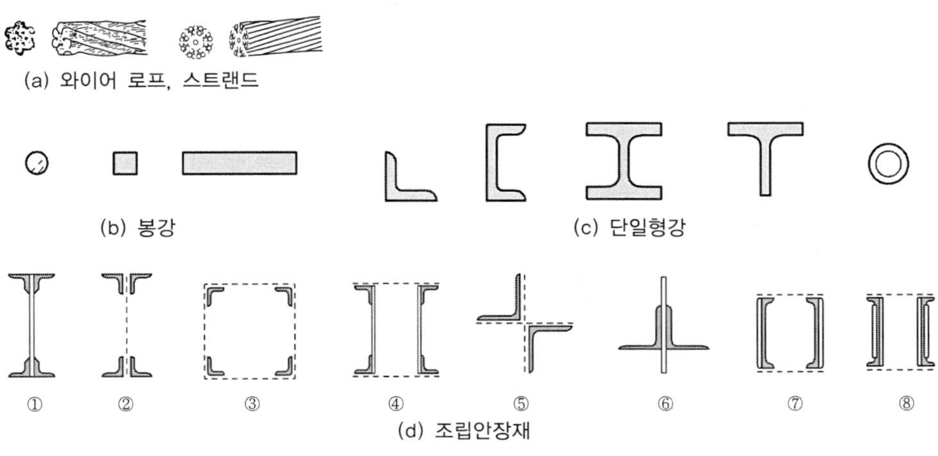

그림 3-1 인장재의 단면형태

3-2 인장재의 유효단면적

인장재에서 유효단면적(A_n)은 부재의 전단면적(A_g)에서 볼트, 리벳의 구멍에 의해 결손된 면적을 뺀 단면적을 의미하며 산정방법은 다음과 같다.

(1) 리벳이 일렬로 배열된 경우

$$A_n = A_g - ndt = (h - n \cdot d)t \tag{3.1}$$

여기서 A_g : 전단면적 A_n : 유효단면적

n : 볼트 구멍수 d : 볼트 구멍지름

(2) 리벳이 불규칙하게 배치된 경우

$$A_n = A_g - ndt - \sum_{1}^{n-1} \frac{s^{2}_{i}}{4g_i} t \tag{3.2}$$

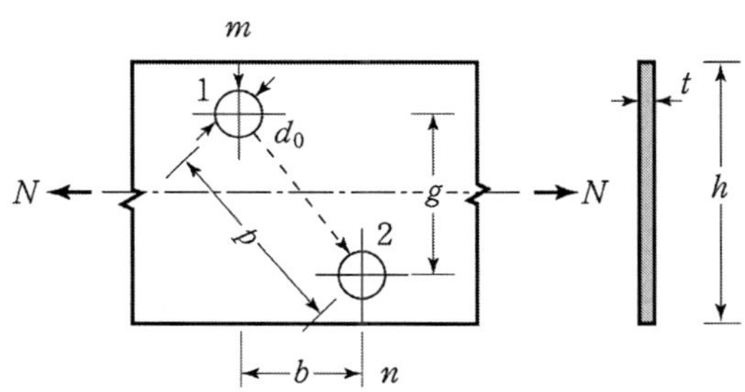

그림 3-2 불규칙 배치된 경우

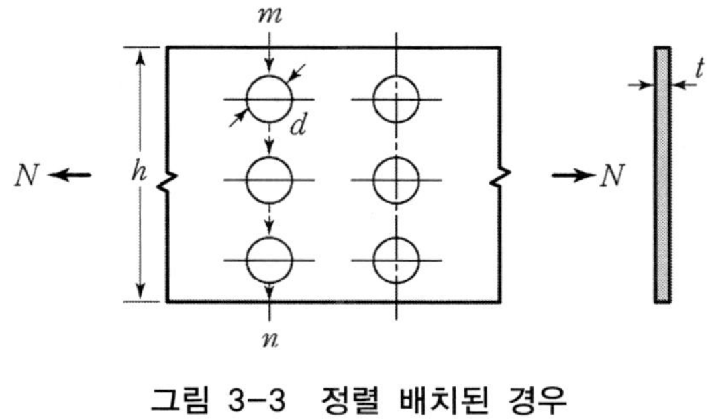

그림 3-3 정렬 배치된 경우

여기서 b : 볼트간격 g : 볼트열간격

(3) 형강에 볼트 구멍이 있을 때

전개되었을 때의 유효단면적을 구한다.

예제 3-1 그림 3-4와 같이 접합되어 있는 인장재 평판(plate)의 유효단면적을 구하여라. (단, 판두께는 9 mm이고, 사용고력볼트는 지름 20 mm이다.)

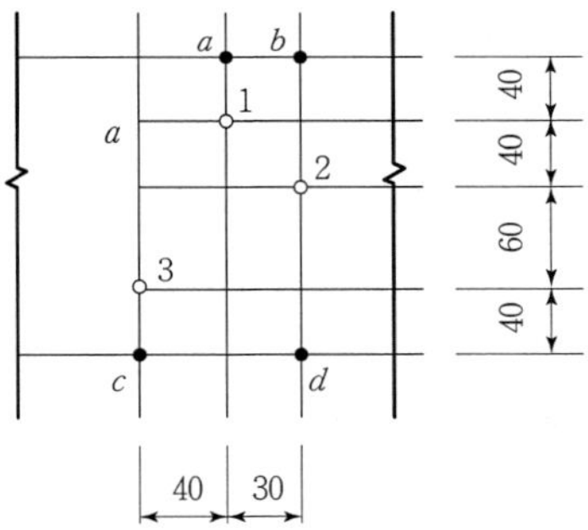

그림 3-4

풀이 ① 가상파괴선 $a-1-3-c$

$$A_n = (180-2*22)*9 = 1{,}224\,\text{mm}^2$$

② 가상파괴선 $a-1-2-3-c$

$$A_n = A_g - ndt + \sum_{1}^{n-1}\frac{s_i^2}{4g_i}t = 9*(180-3*22)+\frac{9}{4}\left(\frac{30^2}{60}+\frac{30^2}{40}\right)$$
$$= 1{,}110\,mm^2$$

∴ 유효단면적은 작은값 An=1,110 ㎟

3-3 인장재의 설계

(1) 인장재의 설계강도

인장재의 한계상태는 부재가 항복하는 식 3.1과 유효단면적이 파단되는 식 3.3 중에서 작은 값으로 한다.

$$P_n = F_y A_g, \quad \Phi_t = 0.9 \tag{3.3}$$

$$P_n = F_u A_e, \quad \Phi_t = 0.75 \tag{3.4}$$

$$0.6 \times Fu \times Anv + Ubs \times Fu \times Ant \leq 0.6 \times Fy \times Agv + Ubs \times Fu \times Ant \tag{3.5}$$

여기서 A_g : 총단면적 A_e : 유효단면적

F_y : 강재의 항복강도 F_u : 강재의 인장강도

인장재의 설계강도 검토는

① 인장부재의 총단면 항복에 대한 검토 : $P_n = F_y A_g, \quad \Phi_t = 0.9$

② 인장부재의 유효단면에 대한 검토 : $P_n = F_u A_e, \quad \Phi_t = 0.75$

③ 인장부재의 설계블록전단파단에 대한 검토 :

$P_n = 0.6 \times Fu \times Anv + Ubs \times Fu \times Ant \leq 0.6 \times Fy \times Agv + Ubs \times Fu \times Ant$

$\Phi_t = 0.75$

Anv : 설계블록전단 단면적, Ant : 설계블록인장 단면적

Agv : 설계블록 총단면적

①~③ 중에서 제일 작은값으로 설계강도가 정해진다.

또한 접합부의 지압접합에 의한 설계미끄럼강도도 별도로 검토하여야 한다.

설계미끄럼강도 $P_n = \phi \times \mu \times h_f \times T_o \times n$

Φ=1.0, μ (미끄럼계수)=0.5, h_f(필러계수)=1.0,

T_o=고력볼트 장력, n=접합강판 수

(2) 인장재에 대한 주의사항

① 인장재는 자중에 의한 처짐이나 진동장애에 대해 세장비를 어느 정도 제한함이 좋다(AISC 규준).

- 주재 : 240 이하
- 가새 또는 2차 부재 : 300 이하

② 강판과 평강으로 조립된 조립인장재에서 리벳, 볼트, 리벳볼트의 축방향간격은 지름의 12배 이하, 또는 집결재편중의 가장 얇은 판두께의 30배 이하로 한다. 단속용접일 때는 집결재편중의 가장 얇은 판두께의 30배 이하로 한다.

③ 2개 이상의 형강을 조립한 조립인장재는 리벳, 볼트, 리벳볼트 및 단속용접의 축방향간격은 100 cm 이하로 한다.

예제 3-2 예제 3-1에서 인장재 평판의 설계강도를 구하여라. (단, 평판은 SS275임)

풀이 식 (3.1)에서 $\Phi_t P_n = 0.9 * 275 * 180 * 9 * 10^{-3} = 400.95\ \text{kN}$

식 (3.2)에서 $\Phi_t P_n = 0.75 * 410 * 1110 * 10^{-3} = 341.3\ \text{kN}$

∴ 평판의 설계강도는 341.3 kN이 된다.

예제 3-3 그림 3-5에 풍하중 P가 작용하고, 또 가새 AC 부재에 인장력이 200 kN 작용할 때 ㄱ형강(SS275)으로 설계하여라.

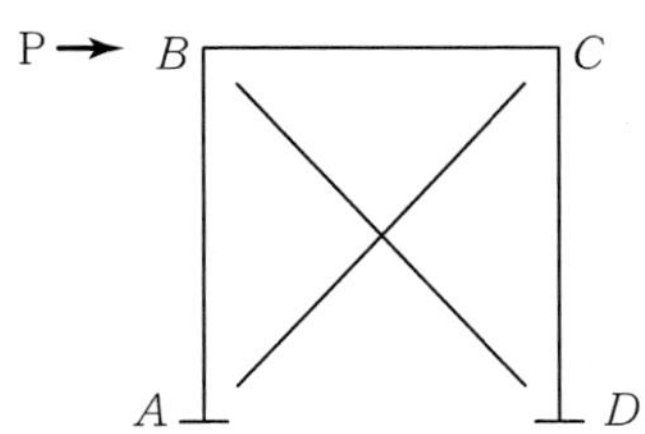

그림 3-5

풀이 1. 인장재의 단면가정 및 유효단면적

$2L - 60 \times 60 \times 5 \ (A = 580 \times 2 = 1{,}160 \text{ mm}^2)$

유효단면적 $A_n = 1{,}160 - 2 * 22 * 5 = 940 \text{mm}^2$

2. 설계강도의 계산

① 총단면의 항복

$\Phi_t P_n = 0.9 * 275 * 1160 * 10^{-3} = 287.1 \text{ kN}$

② 유효단면의 파단

$\Phi_t P_n = 0.75 * 410 * 940 * 10^{-3} = 289.0 \text{ kN}$

3. 인장강도의 검토

$\Phi_t P_n = 287.1 \text{ kN} > 200 \text{ kN} \quad OK.$

4

압 축 재

4-1 압축재의 개요

구조부재에서 압축력을 받는 부재를 압축재(壓縮材 ; compression member)라 한다. 철골구조에서 압축재의 대표적인 예로 기둥을 들 수 있으며, 트러스의 웨브재와 현재 및 가새들도 압축재의 범주에 속한다.

압축재는 단일압축재와 2개 이상의 강재를 조합하여 사용하는 조립압축재로 나누어지며, 압축부재의 설계를 위해 사용되는 축방향강도는 유효좌굴길이와 세장비와 밀접한 관계를 가지고 있다.

압축재는 인장재와 달리 좌굴현상이 일어나므로 부재 단면의 설계는 인장재에 비해 복잡하다.

4-2 압축재의 좌굴

(1) 좌 굴

① 좌굴하중(오일러하중)

똑바른 부재에 압축력을 서서히 증가시키면 처음에는 직선을 유지하며 길이만 수축되다가 어느 한도에 도달하여 활모양 형태로 휘게 될 때의 하중을 좌굴하중(buckling load)이라고 한다.

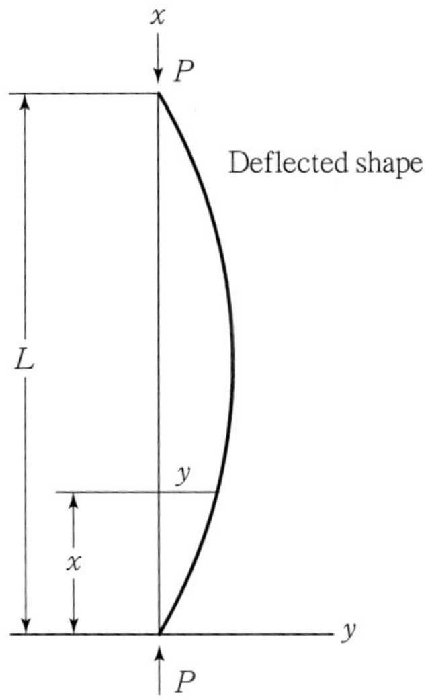

그림 4-1 양단 핀인 기둥의 좌굴형태

그림 4-1에서 양단핀으로 지지된 곧은 부재가 중심 압축력을 받아 좌굴된 형태에서 내부 저항모멘트는

$$M = -EI\frac{d^2y}{dx} \tag{4.1}$$

로 되며, 외력에 의한 휨모멘트는 $P \times y$이므로 평형방정식은

$$P \times y = -EI\frac{d^2y}{dx^2} \tag{4.2}$$

$$\text{여기에서} \quad k^2 = C\sin n\frac{\pi x}{L} \tag{4.3}$$

로 된다. 압축력 P가 특정한 값일 때의 일반식은

$$y = n^2\pi^2\frac{EI}{L^2} \tag{4.4}$$

이다.

여기서 C는 임의의 상수, n은 상수이다.

특정한 값 P는

$$P = n^2\pi^2 \frac{EI}{L^2} \tag{4.5}$$

로 되며 P값이 최소로 될 때, 즉 $n=1$일 때 P값을 P_{cr}이라 하면

$$P_{cr} = \pi^2 \frac{EI}{L^2} \tag{4.6}$$

가 얻어진다. 식 (4.6)을 오일러하중이라 한다.

압축응력도의 개념을 도입하여 나타내면

$$F_{cr} = \frac{P_{cr}}{A} \tag{4.7}$$

로 되며 단면2차반경 $r = \sqrt{\dfrac{I}{A}}$ 를 사용해 정리하면

$$F_{cr} = \frac{\pi^2 E}{(L/r)^2} \tag{4.8}$$

가 된다.

② 세장비

압축재의 길이와 단면2차반경의 비를 세장비(Slenderness ratio)라 하며 λ로 표시한다.

$$\lambda = KL/r \quad (K\text{: 좌굴길이계수}) \tag{4.9}$$

식 (4.8)과 (4.9)로부터 압축재의 좌굴응력을

$$F_{cr} = \frac{\pi^2 E}{\lambda^2} = \frac{\pi^2 E}{(KL/r^2)^2} \tag{4.10}$$

으로 세장비의 함수가 되며, 이 곡선을 오일러곡선이라 한다.

오일러곡선은 탄성한계 안에서 작용하중이 재축을 통과하는 곧은 부재에만 적용할 수 있다.

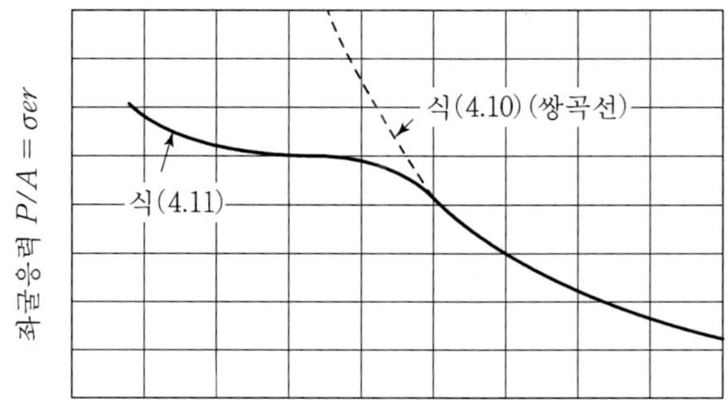

4-2 기둥의 좌굴응력곡선

③ 비탄성좌굴

식 (4.10)의 F_{cr}와 λ의 관계는 비례한도 안에서만 가능하다. 즉, λ가 매우 클 때 장주(長柱)에만 적용되며, 비례한도응력 F_p를 넘어서면, 즉 단주(短柱)의 경우 접선탄성계수 E_t를 사용하여 좌굴응력을 나타내면

$$F_c = \frac{\pi^2 E_t}{\lambda^2} = \frac{\pi^2 E_t}{(KL/r)^2} \tag{4.11}$$

로 되며 이 식을 엣겟사 샨레이식이라 한다.

(2) 유효좌굴길이

① 단순한 지지조건을 가진 부재의 좌굴길이

② 기타 압축부재의 좌굴길이

라멘구조의 기둥과 트러스의 압축부재의 유효좌굴길이에 대한 근사방법에 대해서는 전문서적을 참고하기 바란다.

표 4-1 압축재의 유효좌굴길이

		(a)	(b)	(c)	(b)	(e)	(f)
좌굴형태 (실선이 좌굴형태를 나타냄)		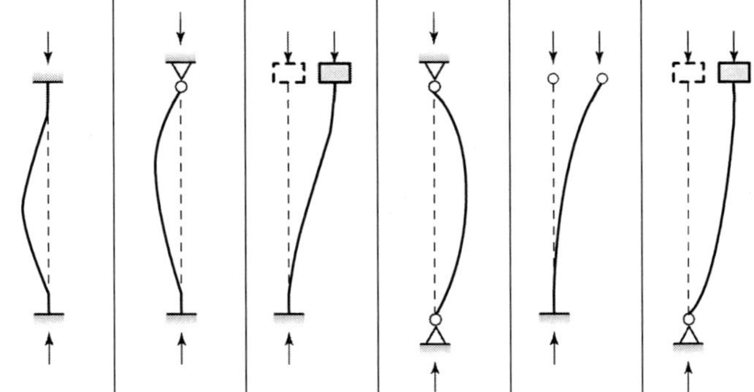					
l_k/l	이론값	0.5	0.7	1.0	1.0	2.0	2.0
	추정값	0.65	0.80	1.2	1.0	2.1	2.0

예제 4-1 1단 자유, 타단고정인 $l=2.5$m 기둥(H-194*150*6*9)에 압축력 100kN이 작용시 안전여부를 검토하시오. (단, 사용강재는 SS275이고 $E=210,000\,N/mm^2$, $I=2690*10^4 mm^2$))

풀이 1) 압축력이 탄성좌굴하중(P_{cr}) 보다 작음을 보여 주면 된다.

2) 탄성좌굴하중(P_{cr})은 식 (4.6)을 이용하여 구하면

$$P_{cr} = \pi^2 \frac{EI}{(KL)^2} = \frac{\pi^2 * 210,000 * 2690 * 10^4}{(250*2*10^3)^2} = 223\text{kN} < 200\text{kN}$$

∴ 안전하다

4-3 세 장 비

강구조는 그림 4.5와 같이 강축과 약축이 있으며, 이에 따라 세장비(細長比)도 강축과 약축에 다음과 같은 방법으로 각각 구하며, 주요한 압축재는 200 이하, 일반 압축재는 250 이하로 한다.

(1) 단일 압축재

$$\lambda = \frac{KL}{r} \tag{4.12}$$

여기서 KL : 좌굴길이 r : 최소단면2차반경

그림 4-2에 나타낸 바와 같이 양축에 대한 좌굴길이가 다를 때는 X축, Y축에 대한 각각의 세장비

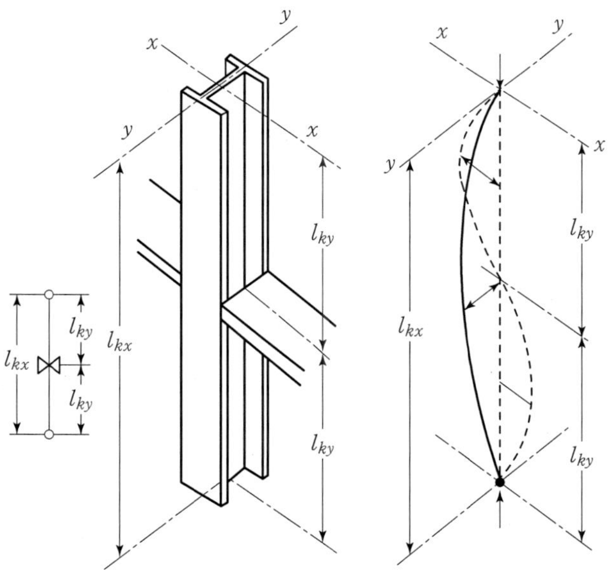

그림 4-3 압축재의 좌굴길이

$$\lambda_x = \frac{KL_x}{r_x}, \qquad \lambda_y = \frac{KL_y}{r_y}$$

를 구해 불리한 값, 즉 세장비가 큰쪽을 택해 허용압축응력도를 구하여 부재설계를 하면 된다.

(2) 조립압축재

조립압축재는 그림 4-3에 나타낸 바와 같이 ㄱ형강, ㄷ형강, H형강 등을 조립하여 띠판, 깔판래티스 형식으로 사용하고 있다.

① 충복축에 대한 세장비

단일 압축재에 준하여 세장비를 구한다.

② 비충복축에 대한 세장비

전단변형에 의한 좌굴응력의 저하를 고려한 유효세장비를 구한다.

$$\lambda_{ye} = \sqrt{\lambda_y^2 + \frac{m}{2}\lambda_1^2} \tag{4.13}$$

단, $\lambda_1 \leqq 20$일 때는 $\lambda_{ye} = \lambda_y$로 할 수 있다.

여기서 λ_{ye} : y축에 대한 유효세장비

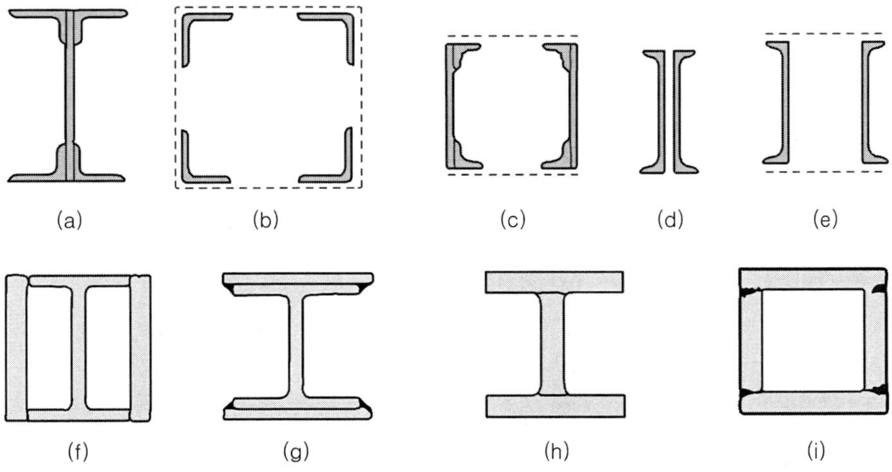

그림 4-4 조립압축재의 형태

λ_y : 전단변형을 무시할 때의 y축의 세장비, 즉 $\lambda_y = \dfrac{KL_y}{r_y}$

m : 웨브재에 의해서 조립되는 소재 또는 소재군의 수

λ_1 : 소재의 세장비(세립압축재의 형식에 따라 다름)

r_y : y축에 대한 단면2차반경

i_y를 약산적으로 구할 때는 다음 식을 사용할 수 있다.

$$\lambda_y = \sqrt{\left(\frac{e_y}{2}\right)^2 + r_2^2} \tag{4.14}$$

여기서 e_y : 양소재간의 중심거리

r_2 : y축과 나란한 소재의 축에 대한 단면2차반경

③ 형식별에 의한 세장비
깔판, 띠판 형식의 조립압축재, 래티스 형식의 조립압축재 및 유공커버 플레이트 형식의 조립압축재의 세장비는 전문서적을 참고하기 바란다.

(3) 조립압축재의 구조계획

① 압축재를 조립하는 연속리벳, 고력볼트 또는 단속용접의 피치는 접합되는 판재 가운데서 가장 얇은 판두께의 $33/\sqrt{F_y}$ 배 이하 또는 30 cm 이하로 한다. 단, 리벳이나 고력볼트를 엇모로 배치하는 경우 각 게이지 라인에서의 피치는 위의 값의 1.5배 이하로 한다.

② 깔판, 띠판 또는 래티스로 나누어지는 구간수는 3 이상으로 하고, 구간길이는 될 수 있는 대로 같게 한다.

③ 깔판이나 띠판을 사용한 조립압축재의 개재의 세장비는 50 이하가 되도록 구간길이를 정한다.

④ 래티스의 세장비는 140 이하로 한다.

⑤ 개재간의 거리가 먼 조립압축재의 재단부는 충분히 강(剛)한 덧판이나 띠판에 3개 이상의 리벳, 고력볼트 또는 이들 강도 이상의 용접으로 결합한다.

⑥ 유공 덮개판을 사용한 조립재에서 구멍의 길이는 구멍폭의 2배 이하, 구멍과 구멍 사이의 거리는 조립재의 리벳 또는 용접열간 거리 이상으로 하고,

구멍의 귀부분의 곡률반지름은 5 cm 이상으로 한다.

4-4 압축재의 설계

(1) 단면의 가정

압축재의 설계시 압축재의 횡력저항요소(버팀지지골조, 비지지골조)에 따른 증폭을 고려하고, 세장비를 고려하여 설계압축강도를 구하고, 횡좌굴과 국부좌굴에 의한 설계휨강도를 결정한후 설계압축강도와 설계휨강도의 조합력에 의해 최종 검토한다. 이때 기둥단면이 탄성좌굴, 비탄성좌굴, 세장판요소에 의한 좌굴 인지를 폭두께비로 먼저 판단한다. 세장비는 좌굴길이와 사용부재의 단면2차반경에 의해 정해진다. 그러므로 압축부재의 단면 산정시 좌굴길이와 사용부재의 크기는 단면적, 단면2차반경을 고려하여 선택한다.(압축 부재 가정은 뒤편의 허용응력도 부분을 참고하기 바람)

(2) 설 계 식

① 황좌굴에 대한 압축강도

$$P_u \le \phi P_n = \phi_c A_g F_{cr} \tag{4.15}$$

여기서 휨좌굴강도 F_{cr}은 아래와 같이 구한다.

ⓐ $\dfrac{KL}{r} \le 4.71\sqrt{\dfrac{E}{F_y}}$ 또는 $F_y/F_e \le 2.25$인 경우(비탄성좌굴영역)

$$\cdot\ F_{cr} = [0.658^{\frac{Fy}{Fe}}]F_y \tag{4.16}$$

ⓑ $\dfrac{KL}{r} \ge 4.71\sqrt{\dfrac{E}{F_y}}$ 또는 $F_y/F_e > 2.25$인 경우(탄성좌굴영역)

$$\cdot\ F_{cr} = 0.877F_e$$

(4.17)

여기서 Pu : 소요압축강도 $\phi = \phi_c = 0.9$: 저항계수

A_g : 부재의 전단면적 F_{cr} : 탄성좌굴강도

F_e : 탄성휨좌굴강도(N/㎟, MPa)

예제 4-2 그림 4-5와 같은 기둥에 고정하중(P_D) 500kN, 활하중(P_L) 500kN 작용시 H형강으로 설계하시오.

(SM355, $F_y = 355\text{N/mm}^2$, $E = 210{,}000\text{N/mm}^2$)

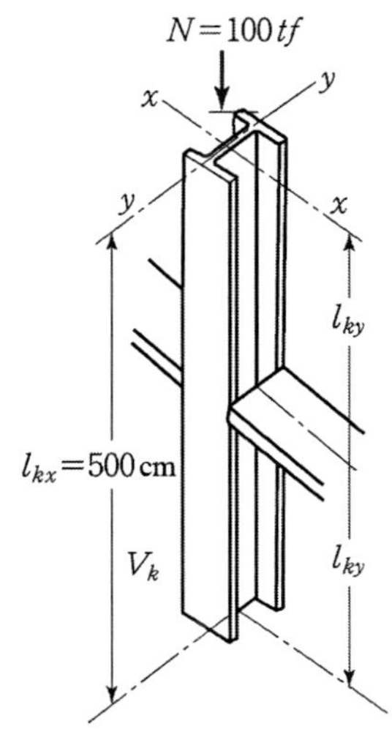

그림 4-5

풀이 1) 단면가정(허용응력도부분 참조) ; H-290*200*8*12 가정

$A_g = 72.38*10^2\text{mm}^2$, $I_x = 11{,}300*10^4\text{mm}^4$, $r_x = 125\text{mm}$
$r_y = 47.1\text{mm}$, $r = 18\text{mm}$

유효좌굴길이 $K_x = K_y = 1.0$

2) 폭두께비 검토

폭두께비 검토시 H형강의 항복강도는 플래지의 항복강도를 사용한다.
플랜지의 두께가 16mm 이하이므로 $F_y = 355\text{MPa}$

플랜지 : b/t_f = (200/2)/12 = 8.33

$$\lambda_r = 0.56\sqrt{E/F_y} = 0.56\sqrt{210{,}000/355} = 13.6 > b/t_f \qquad \text{OK.}$$

웨브 : h/t_w = [250-2*(12+18)]/12 = 15.8

$$\lambda_r = 1.49\sqrt{E/F_y} = 1.49\sqrt{210{,}000/355} = 36.2 > h/t_w \qquad \text{OK.}$$

∴ 플랜지, 웨브 둘다 비콤팩트(비조밀)단면

3) 휨좌굴강도 F_{cr}의 산정

강축과 약축의 유효좌굴길이계수 $K_x = K_y = 1.0$

$$(\frac{KL}{r})_x = \frac{1.0*5000}{125} = 40$$

→ 세장비가 큰 값이 불리함

$$(\frac{KL}{r})_y = \frac{1.0*2500}{47.1} = 53.1$$

$$(\frac{KL}{r})_y = 53.1 \ < \ 4.71\sqrt{\frac{E}{F_y}} = 4.71\sqrt{\frac{210{,}000}{355}} = 114.6$$

탄성휨좌굴강도 $F_e = \dfrac{\pi^2 E}{(\dfrac{KL}{r})^2} = \dfrac{\pi^2 * 210{,}000}{53.1^2} = 735.1\,\mathrm{N/mm^2}$

$F_y/F_e = 355/735.1 = 0.48 < 2.25$ 따라서 비탄성좌굴상태

휨좌굴강도(F_{cr})를 구하면 $F_{cr} = (0.658^{Fy/Fe}) \times F_y = 290.4\,\mathrm{N/mm^2}$

4) 설계압축강도

$\phi P_n = \phi_c A_g F_{cr} = 0.9*72.38*10^2*290.4 \times 10^{-3} = 1{,}891.7\,\mathrm{kN}$

5) 조합력에 의한 검토

기둥의 횡좌굴과 국부좌굴을 계산하여 횡좌굴강도값을 구한다.(생략)

6) 안전성 검토(조합하중 검토 생략)

소요압축강도 $P_u \le 1.2P_D + 1.6P_L = 1.2*500 + 1.6*500 = 1{,}400\,\mathrm{kN}$

$\therefore \ P_u \le \phi P_n = \phi_c A_g F_{cr}$ 을 만족하므로 안전하다.

5

휨 재

5-1 휨재의 개요

휨재란 부재축에 대하여 직각으로 하중을 받는 부재로 휨모멘트를 받기 때문에 휨재(bending member)라 한다. 휨재에는 작은보(beam), 큰보(girder), 장선(joist), 띠장(girth), 중도리(purlin) 등이 있으며, 단면형태를 나타내면 그림 5-1과 같다.

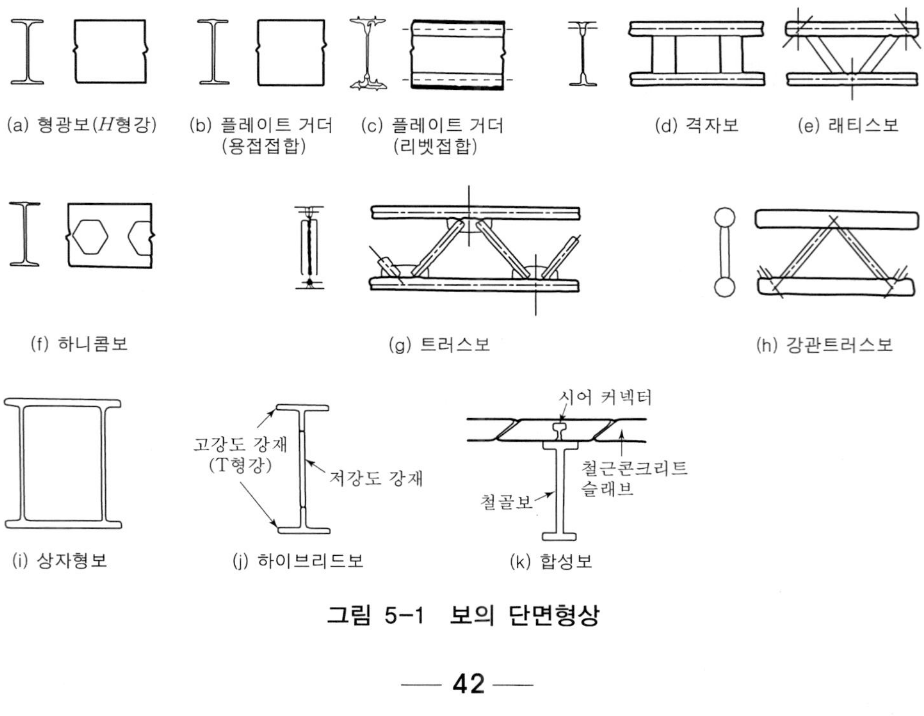

그림 5-1 보의 단면형상

보는 휨응력, 전단응력 및 처짐에 대해 안전하게 설계되어야 하지만 좌굴과 비틀림현상에 대해서도 충분한 검토가 필요하다.

5-2 보의 응력

(1) 휨모멘트에 의한 응력

보 부재의 휨모멘트가 작용하면 보의 휨응력은 그림 5-2와 같이 되며 보의 이론에 의해 소요휨강도를 식 (5.1)과 같이 구할 수 있다.

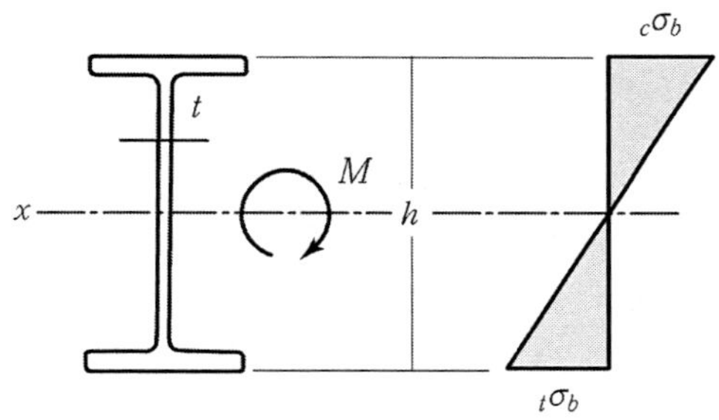

그림 5-2 보의 휨응력

$$M_u \leq \phi_b M_n, \tag{5.1}$$

여기서 , ϕ_b : 휨강도저감계수(=0.9)

M_u : 소요휨강도(N · mm)

M_n : 공칭휨강도(N · mm)

$$M_y = F_y S \tag{5.2}$$

$$M_p = F_y Z \tag{5.3}$$

여기서 , M_y : 항복모멘트

F_y : 강재의 항복강도(N · ㎟)

S, : 보 단면의 탄성단면계수(㎣)

M_p : 소성모멘트

Z, : 보 단면의 소성단면계수(㎣)

(2) 전단력에 의한 응력

보에 전단력이 작용하면 전단응력분포는 그림 5-3과 같이 되며, 보의 최대전단응력도는 웨브의 중앙에 생기며 그 크기는 다음과 같으며, 설계식은 식(5.5)와 같다.

$$\nu = \frac{VS}{It} \tag{5.4}$$

여기서 V : 전단력

S : 중립축에 대한 단면1차모멘트

I : 중립축에 대한 전단면의 단면2차모멘트

t : 웨브의 두께

$$V_u \le \phi_u V_n \tag{5.5}$$

여기서, ϕ_v : 전단강도저항계수(=0.9)

V_u : 소요전단강도(N)

V_n : 공칭전단강도(N)

$$\phi_v V_n = \phi_v (0.6F_y) A_w Cv \tag{5.6}$$

여기서, A_w : 웨브의 단면적

C_v : 전단좌굴감소계수

$$h/t_w \le 2.24\sqrt{E/F_y} \text{ 인 압연}H\text{형강 웨브의 } C_v\text{와 } \phi_v \text{ 산정} \tag{5.7}$$

$$\phi_v = C_v = 1.0$$

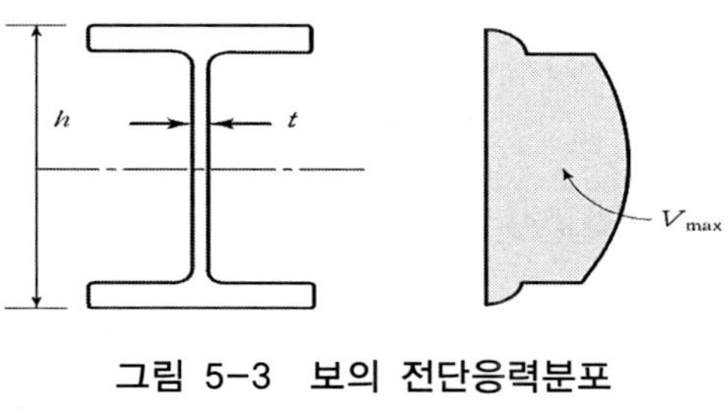

그림 5-3 보의 전단응력분포

(3) 처 짐

휨재는 휨모멘트와 전단력에 대한 내력을 만족시켜도 강성이 부족하면 처짐이 커져 구조부재의 균열 및 파손을 초래하므로 건물 사용시 문제를 야기시킬 수 있다. 뿐만 아니라 보의 진동으로 사용자에게 불안감이나 불쾌감을 줄 수도 있다. 이러한 장해를 예방하기 위해 우리나라의 강구조 계산규준에서는 다음과 같이 처짐한계를 스팬비로 규정하고 있다.

① 일반 보 : 스팬의 1/300 이하
② 캔틸레버보 : 스팬의 1/200 이하
③ 수동크레인 : 스팬의 1/500 이하
   전동크레인 : 스팬의 1/800 ~ 1/1200 이하

표 5-1 보의 최대처짐

	하중형태	처짐(δ)
단순보	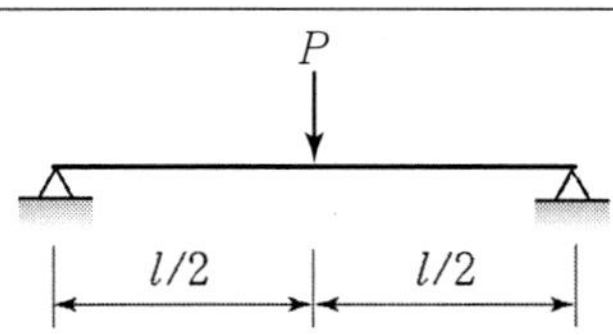	$\delta = \dfrac{Pl^3}{48EI}$
	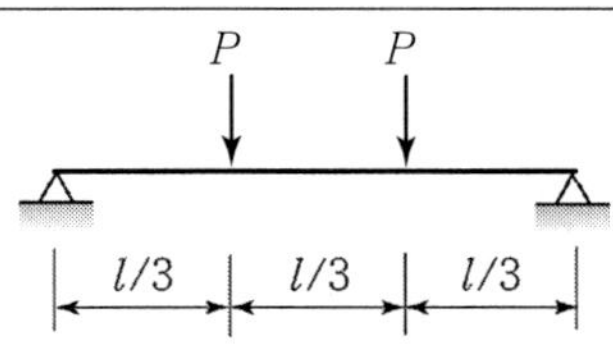	$\delta = \dfrac{23Pl^3}{648EI}$
	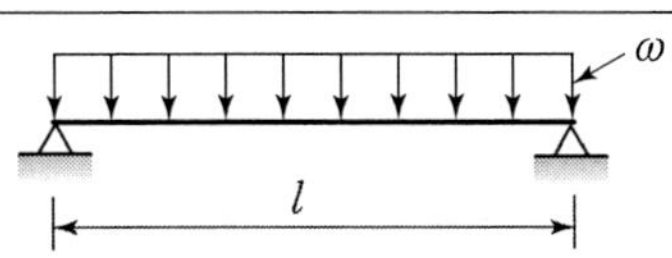	$\delta = \dfrac{5\omega l^4}{384EI}$
캔틸레버보	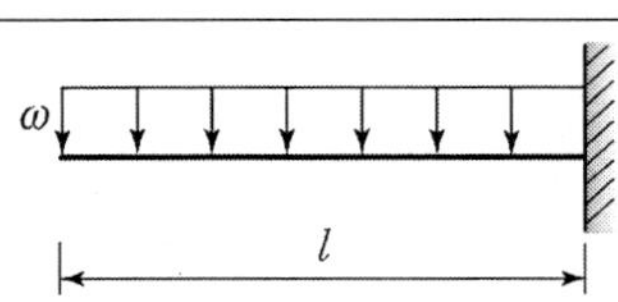	$\delta = \dfrac{\omega l^4}{8EI}$
고정보	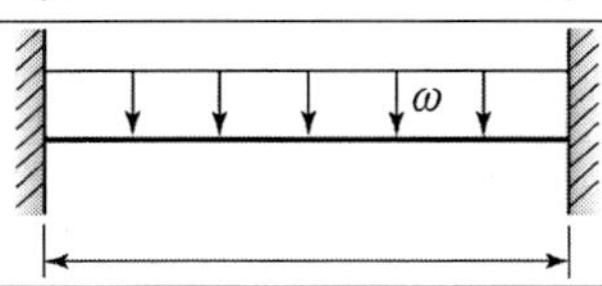	$\delta = \dfrac{\omega l^4}{384EI}$

5-3 휨재의 설계

(1) 단면의 가정

철골보 설계에서 단면 가정시 설계자의 경험적 판단에 의해서 결정하여야 한다. 이 경우에 개략적인 방법 중 하나는 표 5-2와 같다.

표 5-2 보 춤의 가정

구조시스템	보춤 D[cm]	적용 스팬[m]	비 고
일반보	(4~5)×스팬	20 m 이하	스팬은 m 단위이고, 이렇게 계산된 결과 보춤 D는 cm 단위로 본다. (일반보의 춤은 1/18~1/20의 값으로 가정함)
합성보	4.5×스팬	20 m 이하	
지붕조이스트	4×스팬	40 m 이하	
플레이트 거더	6.6×스팬	12~30 m	
철골트러스	8.3×스팬	12~90 m	

(2) 설 계 세 칙(횡비틀림좌굴강도)

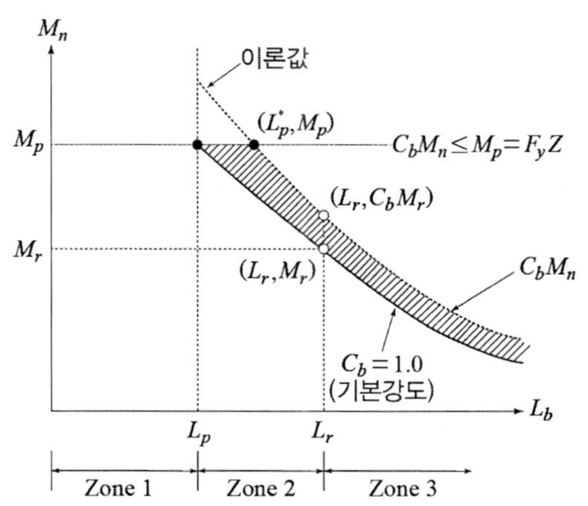

그림 5-4 보의 전단응력분포

(가) $L_b \le L_p$인경우($Zone\,1$) : 소성모멘트영역

$$M_n = M_p = F_y Z_x \tag{5.8}$$

(나) $L_p < L_b \leq L_r$인경우(*Zone* 2) : 비탄성횡좌굴영역

$$M_n = C_b[M_p - (M_p - 0.7F_yS_x)\frac{L_b - L_p}{L_r - L_p}] \leq M_p \tag{5.9}$$

(다) $L_b \geq L_r$인경우(*Zone* 3) : 탄성횡좌굴영역

$$M_n = M_{cr} = F_{cr}S_x \leq M_p \tag{5.10}$$

예제 5-1 아래 그림과 같은 단순보에 고정하중 5kN/m, 활하중 4kN/m 작용하고 보의 중앙에 횡방향으로 구속되어 있을시 소요강도, 공칭휨강도, 공칭전단강도 및 안전성을 검토하시오. (단, 사용강재는 SM355이다.)

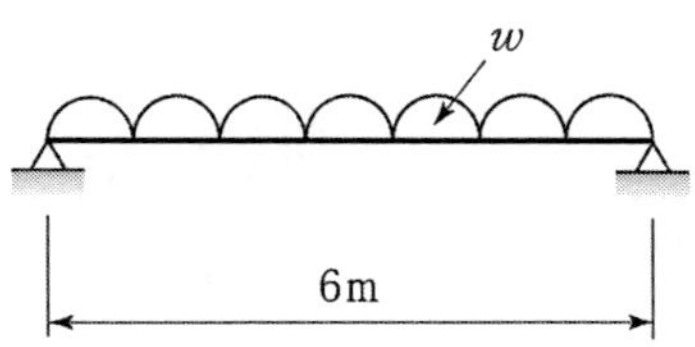

풀이 ① 표 5-2와 같이 춤이 30 cm인 H-300×150×6.5×9를 가정한다.

$S_x = 481{,}000\,\text{mm}^3$, $Z_x = 542{,}000\,\text{mm}^3$, $r = 13\,\text{mm}$, $r_y = 32.9\,\text{mm}$
$J = 9.87*10^4\,\text{mm}^4$, $I_y = 5.08*10^6\,\text{mm}^4$

② 소요강도 산정

$$W = 1.2\,W_D + 1.6\,W_L = 1.2*5 + 1.6*4 = 12.4\,\text{kN/m}$$

$$M_u = \frac{Wl^2}{8} = \frac{12.4 \times 6^2}{8} = 55.8\,\text{kN/m}(\text{최대 휨모멘트})$$

$$V_u = \frac{Wl}{2} = \frac{12.4 \times 6}{2} = 37.2\,\text{kN}(\text{최대 전단력})$$

③ 공칭휨강도

ⓐ 폭두께비 검토

t_f가 16mm 이하이므로 $F_y = 355\,\text{N/mm}^2$

㉠ 플랜지 폭두께비

$$\lambda = \frac{b}{t_f} = \frac{150/2}{9} = 8.33$$

$$\lambda_p = 0.38\sqrt{\frac{E}{F_y}} = 0.38\sqrt{\frac{210000}{355}} = 9.24$$

㉡ 웨브 폭두께비

$$\lambda = \frac{h}{t_w} = \frac{300-2*(13+9)}{6.5} = 39.4$$

$$\lambda_p = 3.76\sqrt{\frac{E}{F_y}} = 3.76\sqrt{\frac{210,000}{355}} = 91.45$$

∴ 플랜지 및 웨브 모두 $\lambda \le \lambda_p$이므로 콤팩트(조밀)단면이다.

ⓑ 소성한계 및 비탄성한계 비지지길이 산정

$$L_p = 1.76 r_y\sqrt{\frac{E}{F_y}} = 1.76*32.9*\sqrt{\frac{210,000}{355}}*10^{-3} = 1.4\text{m}$$

$$L_r = \pi r_{ts}\sqrt{\frac{E}{0.6F_y}} = 3.14*39.2*\sqrt{\frac{210000}{0.7*355}} = 3.58\,\text{m} \ : \text{약산식}$$

$$(r_{ts} = \sqrt{\frac{I_y h_o}{2S_x}} = \sqrt{\frac{5.08*10^6*(300-9)}{2*4.81*10^5}} = 39.2\text{ mm} \ : \text{약산식}$$

횡좌굴영역은 $L_p < L_b(3.0m) < L_r$ 이므로 $Zone\,2$(비탄성횡좌굴구간)에 해당된다.

ⓒ 횡비틀림좌굴강도 산정

$$M_p = F_y Z_x = 345*542000*10^{-6} = 187\text{ kN m}$$

$$0.7F_y S_x = 0.7*345*481,000*10^{-6} = 116.2\text{kN m}$$

횡좌굴모멘트 수정계수(C_b) 값은

$$C_b = \frac{12.6M_{\max}}{2.5M_{\max}+3M_A+4M_B+3M_C}R_m = \frac{12.6*55.8}{2.5*55.8+3*41.85+4*55.8+3*41.85}*1.0 = 1.15 < 3.0$$

$$M_n = C_b[M_p-(M_p-0.7F_yS_x)\frac{L_b-L_p}{L_r-L_p}] \le M_p$$

$$= 1.15*[187-(187-116.2)\frac{3.0-1.4}{3.58-1.4}] = 155.3\text{kN m}$$

∴ 공칭휨강도 $M_n = 155.3\text{kN m}$

④ 공칭전단강도 산정

$$\frac{h}{t_w} = \frac{300-2*(13+9)}{6.5} = 39.4$$

$$2.24\sqrt{\frac{E}{F_y}} = 2.24\sqrt{\frac{210,000}{345}} = 55.3$$

$$\frac{h}{t_w} = 39.4 < 2.24\sqrt{\frac{E}{F_y}} = 55.3 \text{ 이므로 } C_v = 1.0$$

$$V_n = 0.6 * F_y A_w C_v = 0.6 * 345 * (300 - 6.5) * 1.0 * 10^{-3} = 60.8\,\text{kN}$$

⑤ 안전성 검토

$M_u = 55.8\,\text{kN m} < \phi_b M_n = 0.9 * 155.3 = 139.8\,\text{kN m}$ OK

$V_u = 37.2\,\text{kN} < \phi_b V_n = 1.0 * 60.8 = 60.8\,\text{kN}$ OK

6

기타부재

6-1 합 성 보

철골조에서 바닥구조는 콘크리트를 타설하는 방법과 철판(덱 플레이트)을 설치하는 방법 중에서 플랜트건축을 제외한 대부분의 건물에서는 일반적으로 콘크리트를 타설하는 방법을 이용하고 있다. 이와 같이 철골보 위에 철근콘크리트조의 바닥슬래브를 시어 커넥터(shear connector)를 이용해 결합한 구조를 합성보(composite beam)라 한다(그림 6-1 참조).

합성보는 역학적으로 바닥슬래브가 보플랜지의 일부가 되어 강재보와 일체화시켜 휨모멘트에 저항하도록 구성한 보이며, 장점은 다음과 같다.

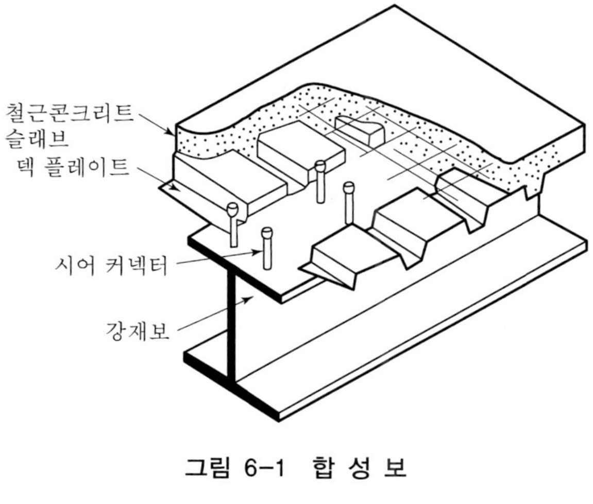

그림 6-1 합 성 보

① 보의 춤을 작게 할 수 있다.
② 철골보의 중량을 감소시킨다.
③ 바닥구조의 강성을 증대시킨다.
④ 장스팬보로 사용할 때 경제적이다.

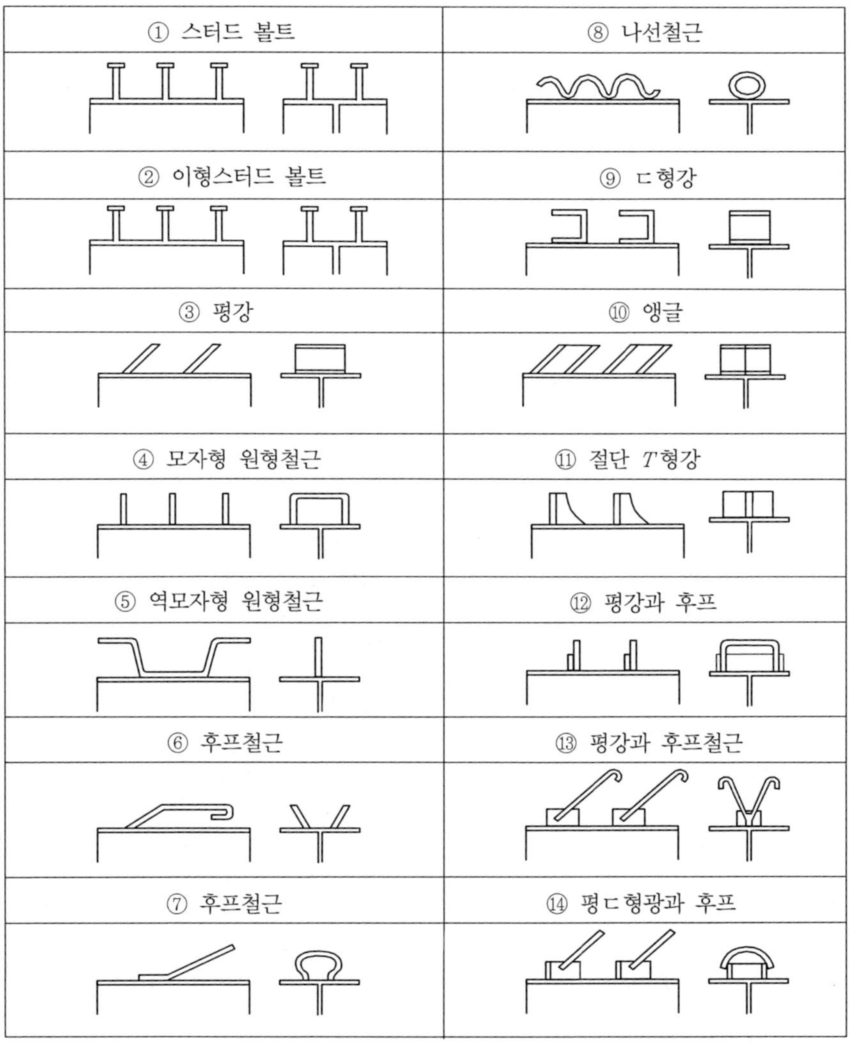

그림 6-2 시어 커넥터의 종류

(1) 합성보의 시공방법

① 지주(支柱)를 사용하지 않는 경우
② 지주를 사용하는 경우

(2) 덱 플레이트의 분류

① 덱 플레이트만으로 지지된 구조
② 덱 플레이트와 콘크리트를 넣은 합성구조
③ 덱 플레이트를 콘크리트 바닥의 형틀로 하는 구조

(3) 덱 플레이트의 종류

① 거푸집용 덱 플레이트 : 거푸집 역할만하는 구조이며 인장보강 철근을 별도로 배근해야 한다.
② 합성 덱 플레이트 : 덱 플레이트와 콘크리트가 일체화되어 하중에 저항하는 구조로, 합성효과를 위해 단면형태에 여러 가지 요철이 있으며, 인장보강 철근을 배근하지 않아도 된다.

(a) N사의 C덱

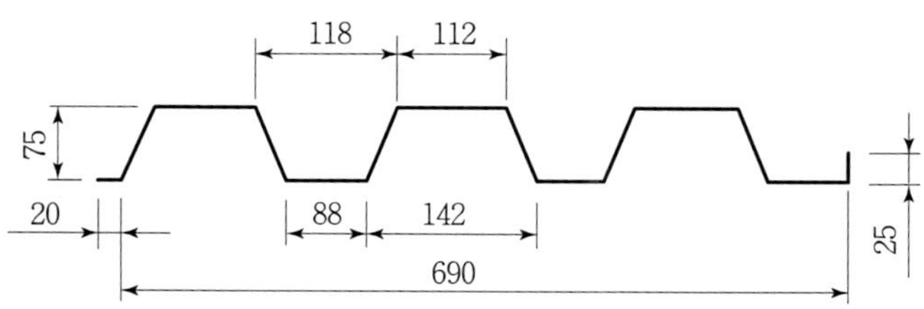

(b) W사의 A덱+스페이서+용접철망

그림 6-3 덱 플레이트

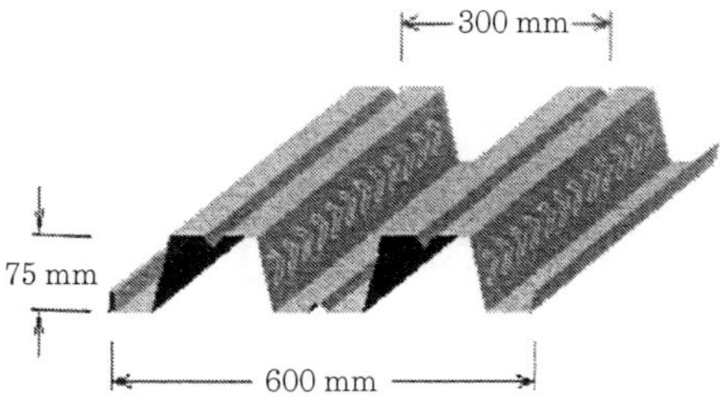

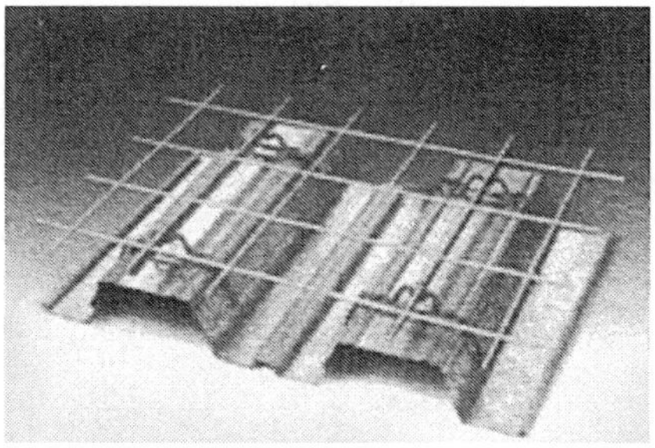

그림 6-4 합성 덱 플레이트

6-2 주 각

주각부는 철골기둥과 철근콘크리트기초의 접합부로 기둥의 축방향력, 전단력, 휨모멘트를 안전하게 기초에 전달하여야 한다.

철골조는 역학적으로 핀주각과 고정주각으로 구분할 수 있다.

(1) 고정주각

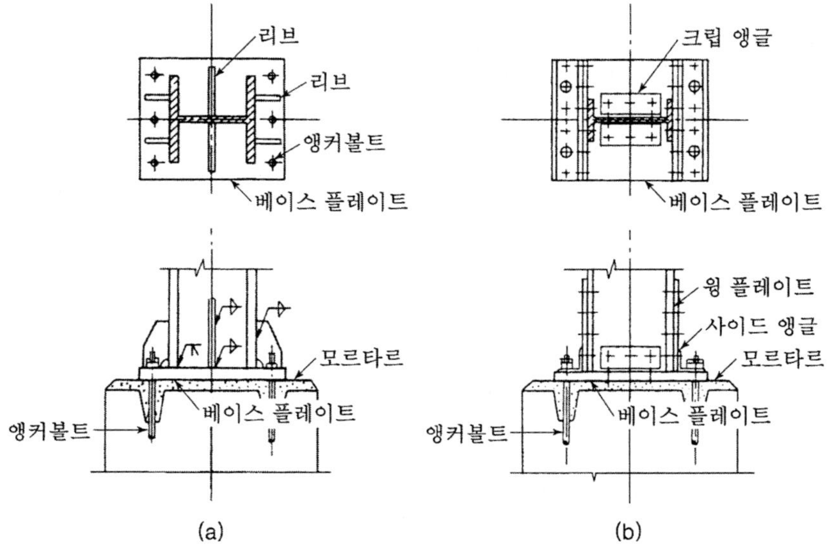

그림 6-5 고정주각

고정주각은 철골주각부의 축방향력, 전단력 및 휨모멘트를 기초에 전달하는 것으로 주각부와 철근콘크리트기초가 일체가 되도록 구성해야 한다.

① 주각부 설계

㉮ 주각부 및 콘크리트 지압

ⓐ콘크리트 총단면이 지압을 받는 경우

$$\phi_c P_p = \phi_c 0.85 f_{ck} A_1 \tag{6.1}$$

ⓑ콘크리트 단면의 일부분이 지압을 받는 경우

$$\phi_c P_p = \phi_c 0.85 f_{ck} A_1 \sqrt{A_2/A_1} \le \phi_c 1.7 f_{ck} A1 \tag{6.2}$$

여기서 $\phi_c = 0.65$

f_{ck} : 콘크리트 설계기준압축강도(N/㎟)

A_1 : 베이스플레이트의 면적(㎟)

A_2 : 콘크리트 지지부분의 최대면적(㎟)

(2) 핀 주 각

핀주각은 주각부의 축방향력과 전단력을 기초에 전달시키는 역할을 하며, 그림 6-5의 접합은 안전한 접합이라고 할 수는 없으나 주각부의 고정도가 낮으므로 핀 상태로 간주하여 사용하고 있다.

6-3 이음 및 접합부

이음에는 보의 이음, 기둥의 이음이 있으며, 접합부는 보와 기둥의 접합, 큰보와 작은보의 접합, 주각 등으로 구분된다.

또 이들 접합부는 고력볼트, 용접 등에 의하여 접합부에 존재하는 축방향력, 전단력, 휨모멘트의 응력을 안전하게 전달할 수 있도록 설계되어야 한다.

접합부의 계산은 전문서적을 참고하기 바라며, 여기서는 철골구조의 접합부에 대한 이해를 돕기 위해 그림으로 나타내었으며, 도면은 부록을 참고하기 바란다.

(1) 보의 이음

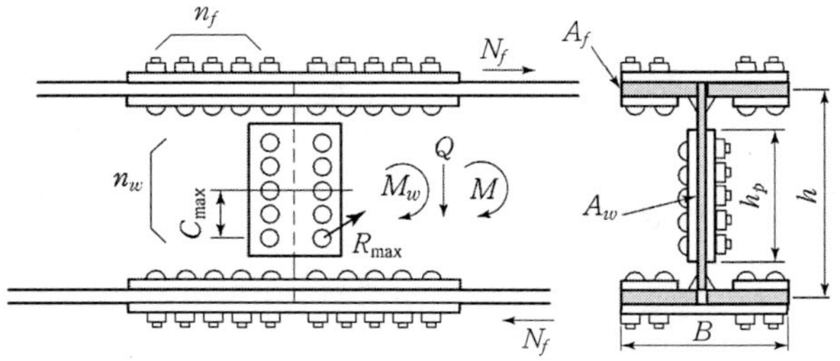

(a) 보 이음의 응력

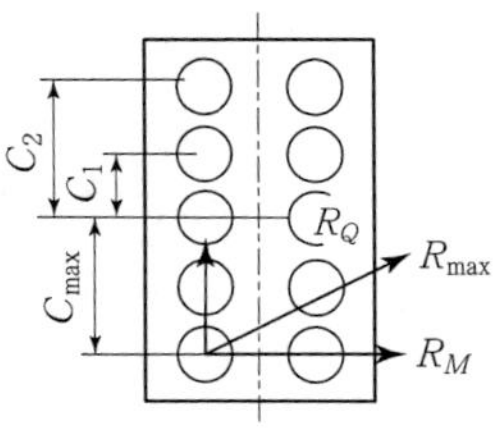

(b) 웨브부분의 볼트응력

그림 6-7 H형보의 이음 및 응력

(2) 기둥의 이음

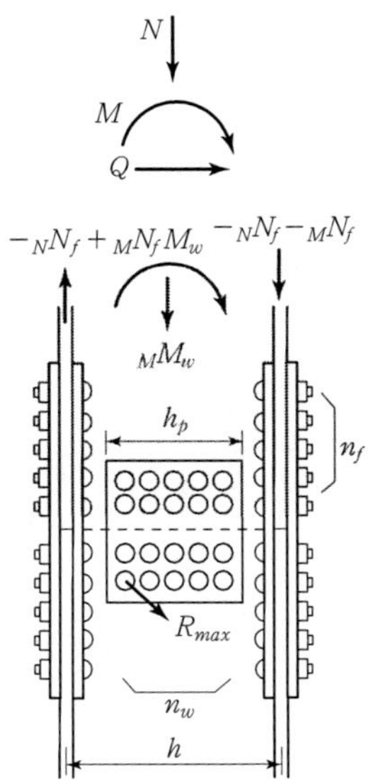

(a)

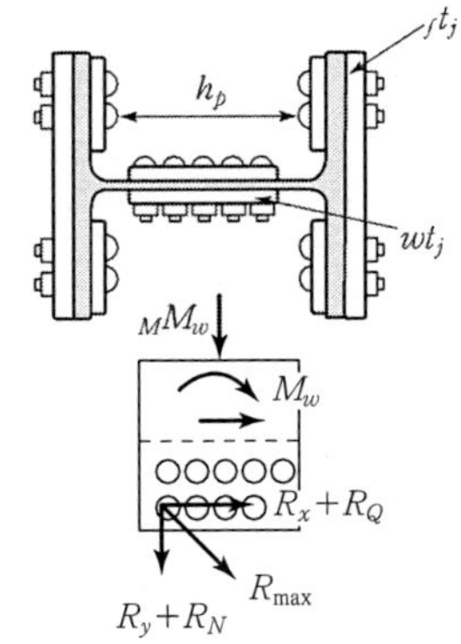

(b) 웨브부분의 볼트응력

그림 6-8 H형강 기둥의 이음 및 응력

(3) 보와 기둥의 접합

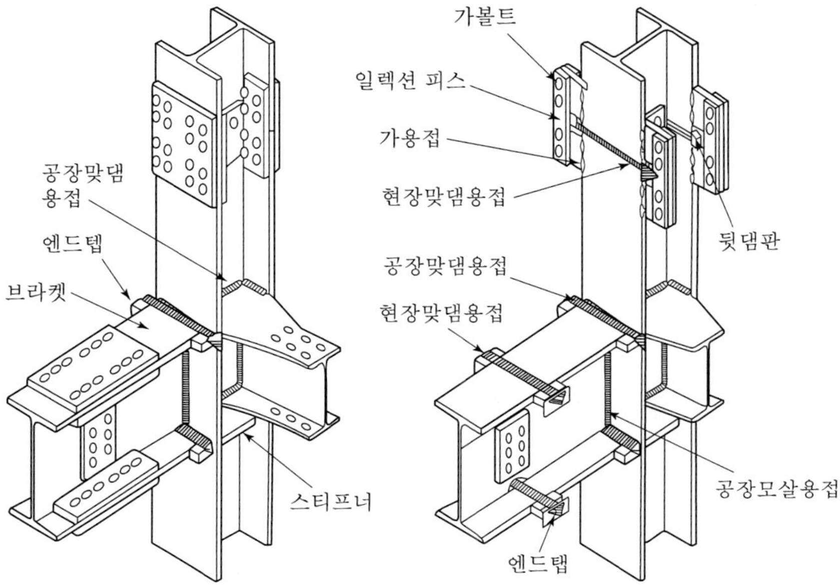

(a) 보 브래킷, 보 고력볼트 이음, 용접접합부

(b) 보 브래킷, 플랜지 현장용접이음

그림 6-9 H형강 보와 기둥의 접합

7

허용응력설계법

7-1 개 요

강재의 설계방법에는 허용응력설계법, 소성설계법, 한계상태설계법이 있으나 여기서는 탄성에 의한 설계를 위주로 한 허용응력설계법에 대해 살펴보도록 한다. 허용응력설계는 1장의 강재의 기계적 성질의 응력-변형도 곡선(그림1-3)에서 언급한 바와 같이 탄성의 범위에서 설계하는 방법으로, 강재의 허용응력도는 항복강도를 안전율 1.5로 나눈 값으로 진행한다.

7-2 강재의 허용응력도

강재의 설계방법에는 허용응력도, 소성설계법, 한계상태설계법이 있으나 여기서는 허용응력도에 의한 설계를 위주로 하여 설명하기로 한다.

F_y : ① 항복응력, ② 인장강도의 70% 중 작은 값

$$F_s(\text{전단응력도}) = F_y / \sqrt{3} \qquad (\text{미세스식}) \qquad (7.1)$$

표 1-3 강재의 f_y 값 (단위 : tf/cm^2)

강재 종별 (*t*는 판두께 [mm])		SS 400 SM 400 SMA 400	SM 490 SM 490Y SMA 490	SMA490TMC	SM 520	SM 570
F_y	$t \le 40$	2.4	3.3	3.3	3.6	4.1
	$40 < t \le 100$	2.2	3.0	3.3	3.4	4.1

(1) 강재의 허용응력도

① 허용인장응력도

$$f_t = f_y/1.5\,\mathrm{tf/cm^2} \tag{7.2}$$

② 허용전단응력도

$$f_s = F_s/1.5 = F_y/1.5\sqrt{3}\ \mathrm{tf/cm^2} \tag{7.3}$$

③ 허용휨응력도(f_b) : 휨재의 휨좌굴을 고려해 f_b를 결정

압연형강, 플레이트 거더, 기타 조립재

$$f_{b1} = \left[1 - 0.4 \times \frac{(l_b/i_b)^2}{C_m\,\lambda_p^2}\right] \times f_t\,[\mathrm{tf/cm^2}] \tag{7.4}$$

$$f_{b2} = \frac{900A_f}{l_b h}\ [\mathrm{tf/cm^2}] \tag{7.5}$$

식 (7.4) 및 (7.5) 중 큰 값으로 f_b 값을 결정한다. 단, $f_b \leqq f_t$는 만족해야 한다.

식 (7.4)에서

$$C_m = 1.75 - 1.05\left(\frac{M_2}{M_1}\right) + 0.3\left(\frac{M_2}{M_1}\right)^2$$

다만, $C_m \leqq 2.3$, $M_1 > M_2$

여기서, l_b : 압축플랜지의 지점간거리 [cm]

i_b : 압축플랜지와 보춤의 1/6로 된 T형 단면의 웨브축에 대한 단면2차반경 [cm]

대칭축을 갖지 않는 ㄷ형강, f_b는 식 (7.5)에 따른다.

C_m : l_b 구간 내에서 휨모멘트가 변화할 때 그 영향을 고려한 수정계수

M_1, M_2 : l_b 구간 양단에 작용하는 휨모멘트의 크기로, M_2/M_1는 단곡률일 때 양(+), 복곡률일 때 음(−)으로 한다. 구간 중간의 휨모멘트가 M_1보다 클 때에는 C_m=1로 한다.

h : 보춤 [cm]

A_f : 압축플랜지의 단면적[cm^2]

강관 $f_b = f_t$

베이스 플레이트 $f_b = F_y/1.3\,\mathrm{tf/cm^2}$ (7.6)

④ 허용압축응력도

좌굴의 영향을 고려한다.

$- \lambda \leqq \lambda_p \qquad f_c = [1-0.4\times(\lambda/\lambda_p)^2]F_y/n[\mathrm{tf/cm^2}]$ (7.7)

$- \lambda > \lambda_p \qquad f_c = 0.277F_y/(\lambda/\lambda_p)^2[\mathrm{tf/cm^2}]$ (7.8)

여기서 $n = \dfrac{3}{2} + \left(\dfrac{2}{3}\right)\left(\dfrac{\lambda}{\lambda_p}\right)$: 안전율

$\lambda = l_k/i$: 압축재의 세장비

l_k : 좌굴길이

i : 좌굴축에 대한 단면2차반경

E : 탄성계수

$\lambda_p = \sqrt{\dfrac{\pi^2 E}{0.6F_y}}$: 한계세장비

(2) 리벳, 볼트 및 고력볼트의 허용응력도

리벳, 볼트 및 고력볼트의 허용응력도는 표 1-4에 따른다.

① 허용지압응력도

$f_l = 1.25F_y[\mathrm{tf/cm^2}]$ (7.9)

표 1-4 리벳, 볼트 및 고력볼트의 허용응력도 [tf/cm^2]

재 료		인 장	전 단
리 벳	SSV34, SSV41	1.6	1.2
볼 트	SS41, SWS41, 중볼트	1.2	0.9
고력볼트	F 8 T	2.5	1.2
	F 10 T	3.1	1.5
	F 11 T	3.3	1.6

예제 1-1 그림 1-4의 구조평면도에서 작은보 B2의 f_b를 구하시오. (단, 사용부재는 H-250×125×6×9(SS400)로 검토하며, C_m =1.0으로 한다.)

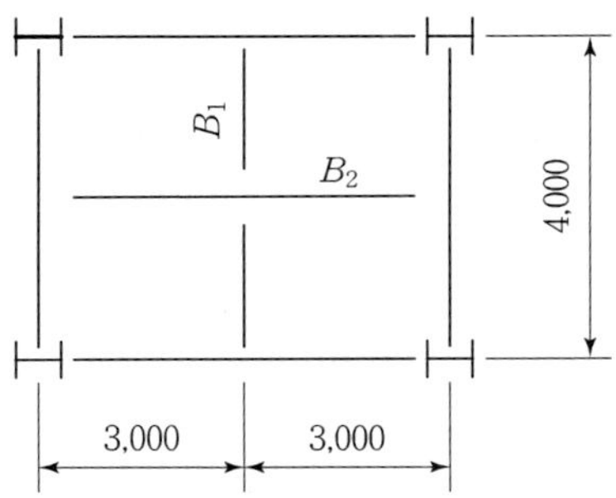

그림 1-4 구조평면도

CASE-1 : 수식에 의한 방법

풀이 $l_b = 300$ cm에 주의해서 식 (7.4)과 (7.5)의 값을 구하여 큰 값을 선택한다.

$$f_{b1} = \left[1 - 0.4 \times \frac{(l_b/i_b)^2}{C_m \lambda_p^2}\right] \times f_t \text{ 에서}$$

l_b =300 cm, i_b =3.26 cm (부표 1.6)

$$\lambda_p = \sqrt{\frac{\pi^2 E}{0.6 F_y}} = \sqrt{\frac{3.14^2 \times 2{,}100}{0.6 \times 2.4}} = 120, \qquad C_m = 1.0$$

$$f_{b1} = \left\{1 - 0.4 \times \frac{(300/3.26)^2}{1.0 \times 120^2}\right\} \times 1.6 = 1.22 \text{tf/cm}^2$$

$$f_{b2} = \frac{900\,A_f}{l_b \cdot h} = \frac{900 \times 12.5 \times 0.9}{300 \times 25} = 1.35\,\text{tf/cm}^2$$

$$\therefore\ f_b = 1.35\,\text{tf/cm}^2$$

CASE-2 : 그림에 의한 방법

풀이 부록 D의 허용휨응력도(f_b) 그림을 사용하여 풀면

$$\eta = \frac{i_b \cdot h}{A_f} = \frac{3.26 \times 25}{12.5 \times 0.9} = 7.2,\ \lambda = l_b/i_b = 300/3.26 = 92$$

그림에서 $f_b = 1.35\,\text{tf/cm}^2$를 구할 수 있다.

제 2 부

철골구조계산 예집

1

구조설계의 흐름도

- 설계개요
  - 설계기준
  - 건물개요
  - 구조재 강도
  - 사용된 컴퓨터 프로그램
  - 단위
- 평명도 및 단면도
- 설계하중
  - 바닥하중(고정하중 및 활하중)
  - 벽체하중
  - 풍하중
  - 적설하중
  - 지진하중
  - 수압력 토압력
  - 기계하중
  - 기타 하중(크레인)
- 골조해석
- 상부구조물 설계
  - 덱 플레이트
  - 중도리 및 띠장
  - 작은보
  - 트러스
  - 가새
  - 샛기둥/바람받이보
- 주부재 설계
  - 기둥
  - 큰보
- 하부 구조물 설계
  - 기초
  - 지하 벽체 및 슬래브
  - 공동구 및 기계기초

2

일반사항
General Data

2-1 설계개요

① 건물명 : 공 장
② 위 치 : 경기도 포천시
③ 구 조 : 상부구조 : 철골구조, SPAN : 15M(강축 : 라멘구조, 약축 : 가새구조)
하부구조 : 철근콘크리트구조
④ 기 초 : 철근콘크리트 독립기초

2-2 설계기준

① 철근콘크리트구조 : 강도설계법
- 설계하중 : 건축물의 구조기준 등에 관한 규칙(건교부령 1996. 2. 13)
- 부재설계 : 극한강도설계법에 의한 철근콘크리트 계산규준(건교부)
ACI 318-95 "Building code requirement for reinforced concrete"

② 철골구조 : 허용응력도설계법
- 설계하중 : 건축물의 구조기준 등에 관한 규칙(건교부령 1996. 2. 13)

- 부재설계 : 강구조계산 규준 및 해설(대한건축학회 1983)
  AISC : "The design of structural steel for Building"
  ASD 9th edition, 1989

2-3 구조재료의 강도

① 콘크리트 : 28일 설계기준강도를 기입한다. $f_{ck}=210\text{kgf/cm}^2$

② 철　　근 : 철근의 재질　　SD30　($f_y=3{,}000\text{kgf/cm}^2$)

③ 철　　골 : 철골의 재질　　SS 400 ($f_y=2{,}400\text{kgf/cm}^2$)

④ 접합볼트 : 고장력볼트 KS B 1010, F10T

⑤ 앵커볼트 : KSB 1016

2-4 지반 및 PILE 조건

① 허용지내력[1] : $f_e=20\text{tf/m}^2$(가정)

② 지하수위 : G.L−2.0 m(가정)

③ PILE CAPACITY : $F_p=$ 　t/ea

④ 지질조사 보고서

2-5 수평하중

① 풍하중[2] : 풍하중은 구조골조용 풍하중, 지붕골조용 풍하중 및 외장재용 풍하중으로 구분한다.

---

1) 허용지내력은 지질조사서의 N값으로 결정된다. 일반적으로 허용지내력이 5 t/m^2 이하일 때는 PILE 기초로 하며 지하 1층 이하의 건물을 검토할 때에는 지질조사서에서 지하상수위의 위치도 반드시 검토하여 수압의 영향도 고려하여야 한다.

2) 대한건축학회, "건축물 하중기준 및 해설", 태림문화사, 2000

• 구조골조용 풍하중 산정

$$\overline{W_f} = P_f A$$

여기서 $\overline{W_f}$: 풍하중

P_f : 구조설계용 설계풍력 [kgf/m²]

A : 유효수압면적 [m²]

• 지붕골조용 풍하중 산정

$$\overline{W_r} = P_r A$$

여기서 $\overline{W_r}$: 풍하중

P_r : 지붕골조용 설계풍력 [kgf/m²]

② 지진하중[2)] : 내진설계를 하는 건출물은 지진하중에 의한 밑면전단력, 층지진하중, 층전단력, 수평비틀림모멘트, 전도모멘트 등에 저항할 수 있도록 설계하여야 하며, 기타 층간변위와 건물분리 등을 검토하여 필요한 조치를 하여야 한다.

$$V = \left(\frac{A I_E C}{R} \right) W$$

여기서 V : 밑면전단력 A : 지역계수

I_E : 중요도계수 C : 동적계수

R : 반응수정계수 W : 건축물의 전중량

2-6 하중조합

하 중 조 합	비 고
① D.L + L.L ② 0.67(D.L+W.L) ③ 0.67(D.L+S.L) ④ 0.67(D.L+L.L+W.L) ⑤ 0.67(D.L+L.L+S.L)	D.L : 고정하중 L.L : 적재하중 W.L : 풍 하 중 S.L : 지진하중

2-7 구조해석용 프로그램

응력해석 및 부재설계를 행한 프로그램을 적는다.

2-8 허용최대처짐

① 수직처짐(철골구조)

보(활하중시)	:	L/360
보(고정하중+활하중)	:	L/240
PURLIN & GIRT	:	L/200
전동크레인보	:	L/800
수동크레인보	:	L/500

② 수평처짐(철골구조)

SIDE SWAY	:	L/200

2-9 설 계 방 침

① Y축은 강접합(moment connection)으로 하고 X축은 약접합(shear connection)으로 한다.
② 주각은 핀구조로 한다.
③ 수평하중은 풍하중과 지진하중에서 불리한 경우에 대해 검토한다.
④ 응력해석은 프로그램(SA40)을 이용한다.

3

평면도 및 입면도

Framing Sketch

3-1 건축도면

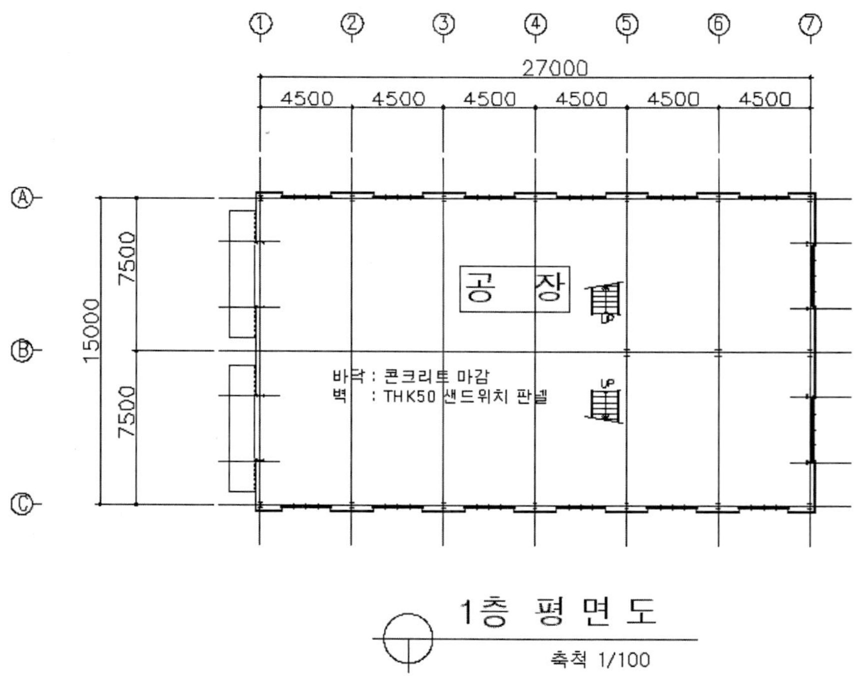

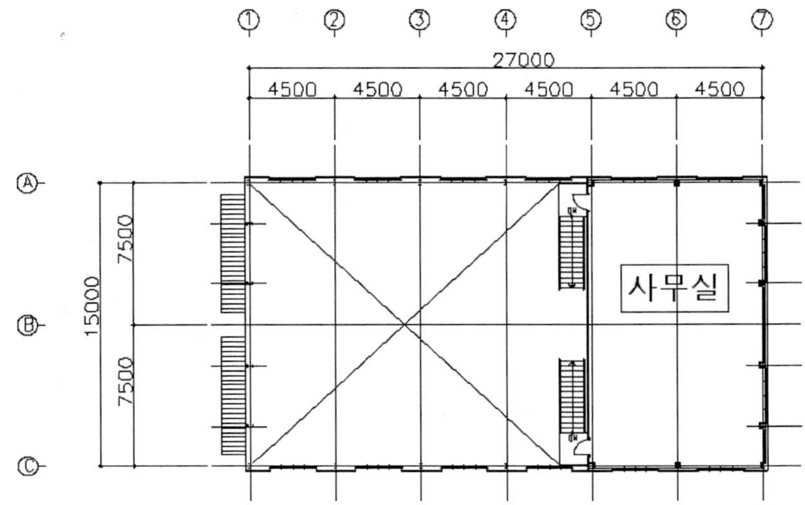

2층 평면도

축척 1/100

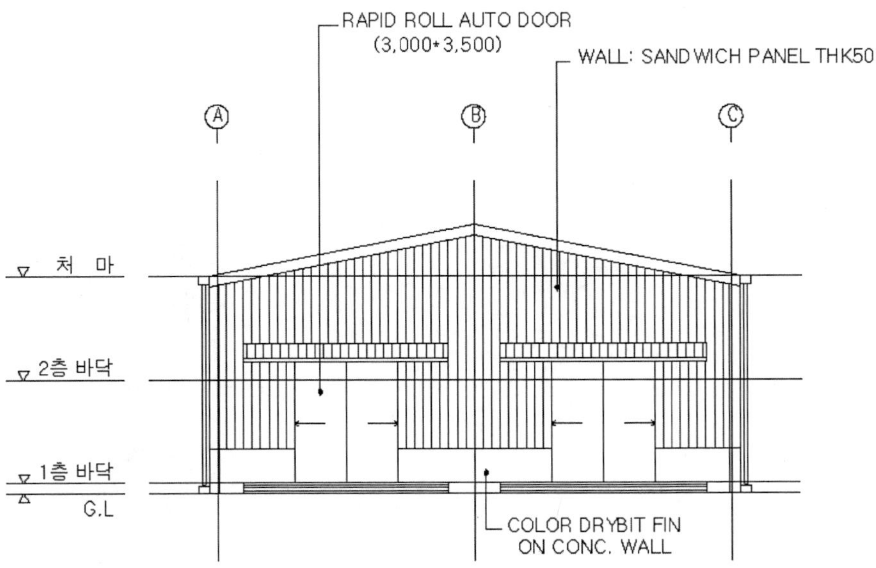

입 면 도 - 1

축척 1/100

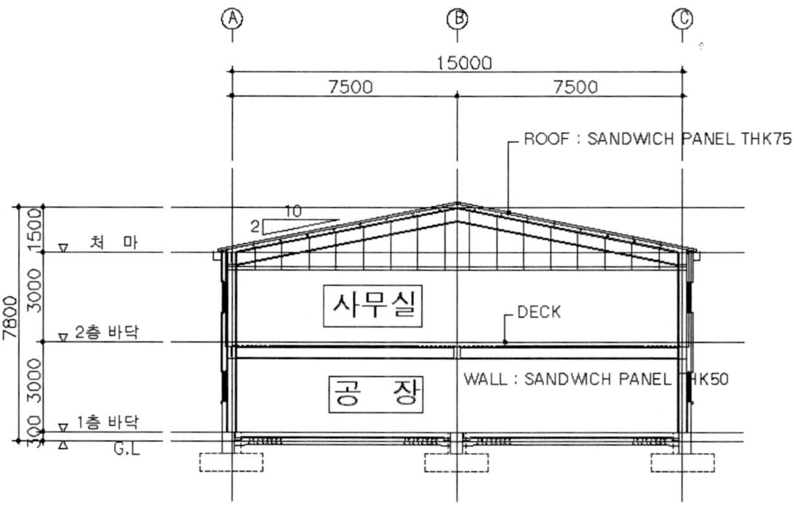

단 면 도
축척 1/100

3-2 구 조 도

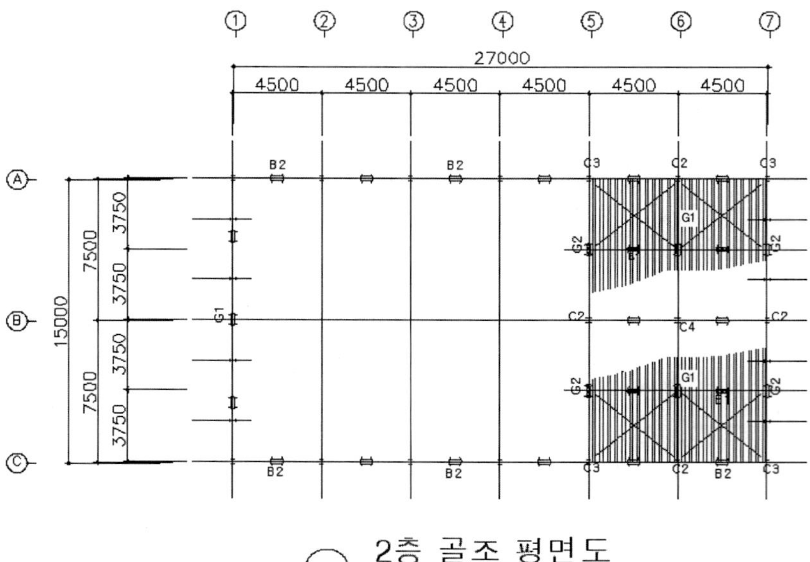

2층 골조 평면도
축척 1/200

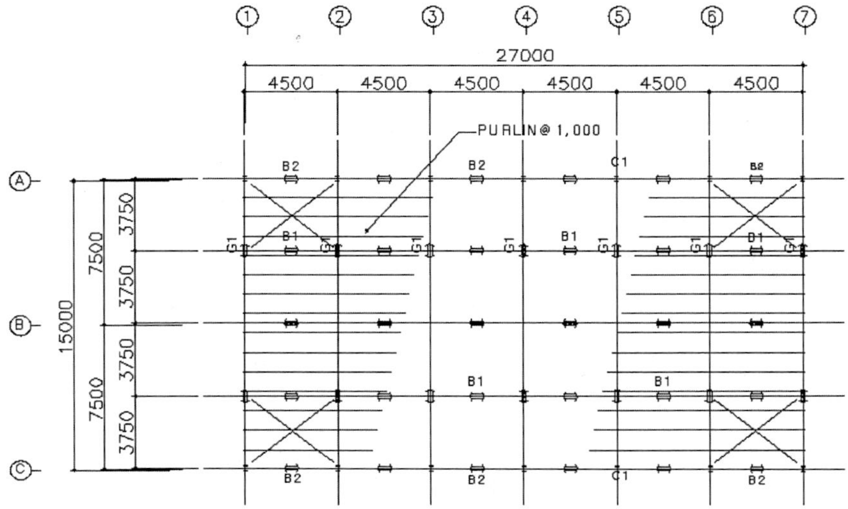

지붕 골조 평면도
축척 1/200

3-3 구조입면

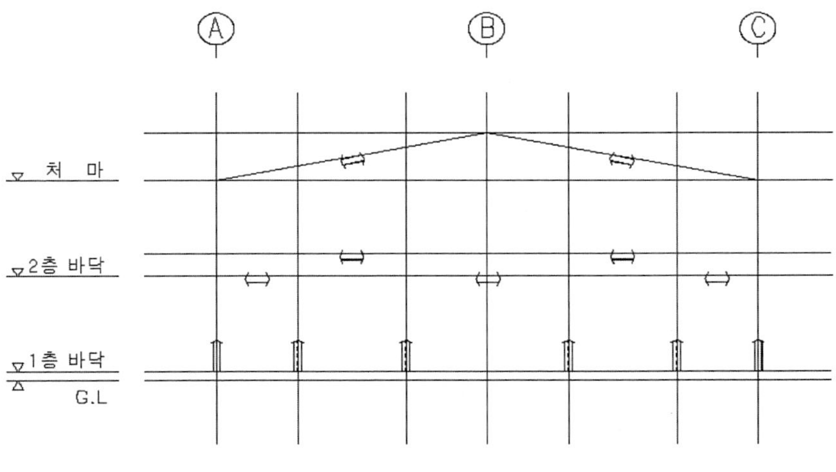

① LINE 골조 평면도
축척 1/200

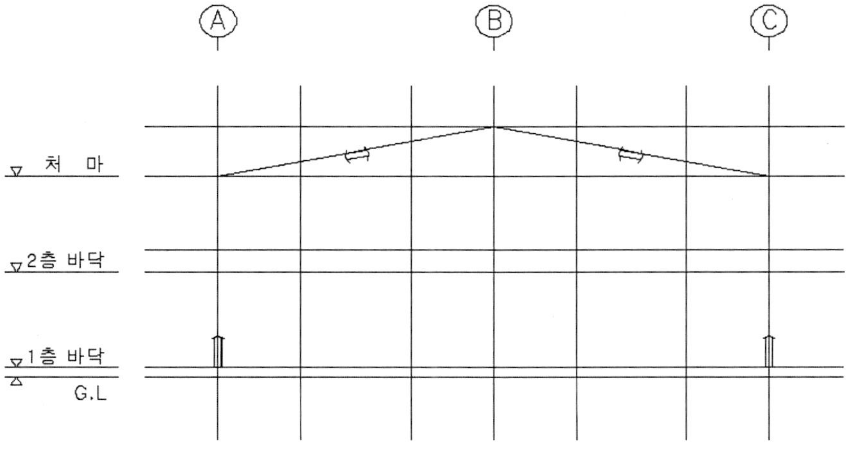

②~④ LINE 골조 평면도

축척 1/200

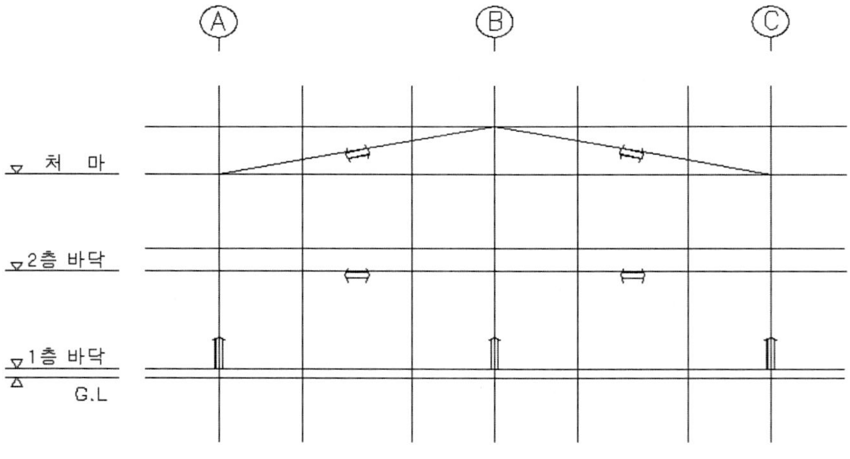

⑤~⑥ LINE 골조 평면도

축척 1/200

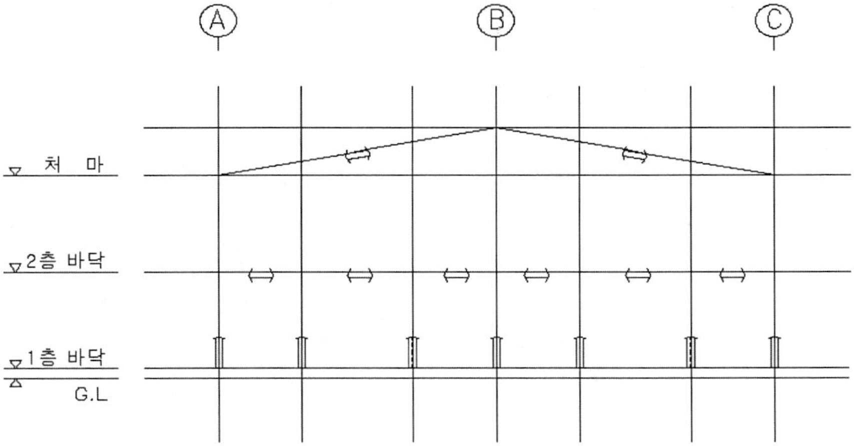

⑦ LINE 골조 평면도
축척 1/200

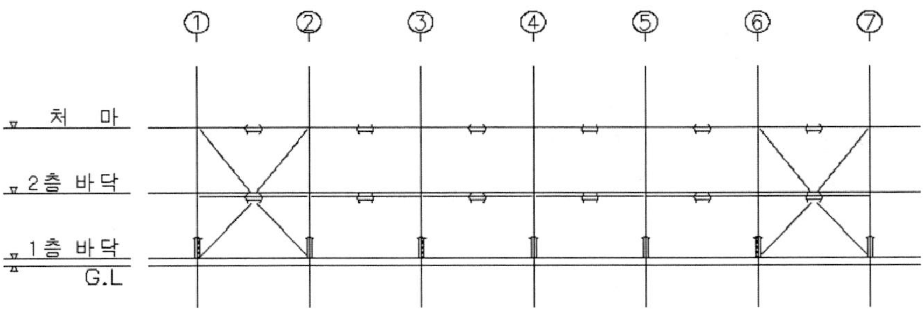

Ⓐ, Ⓒ LINE 골조 평면도
축척 1/200

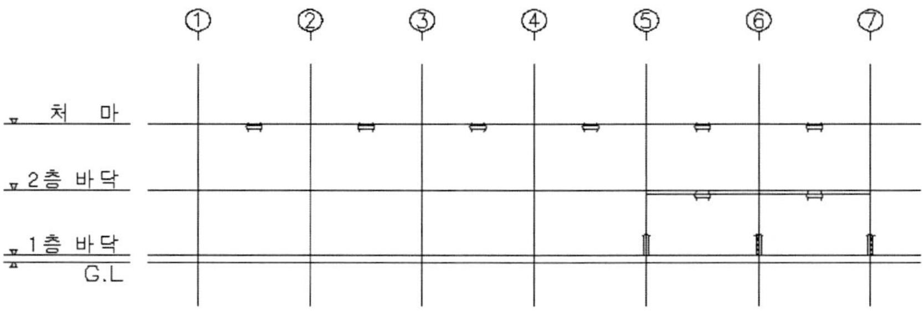

Ⓑ LINE 골조 평면도
축척 1/200

3-4 구조계획

철골구조는 설계사무실에서 제공된 건축도면을 토대로 하여 다음 사항을 고려하여 구조계획을 한다.

① 강재와 콘크리트의 특성을 고려한 구조방식 선택
② 강축과 약축을 고려한 건축구조시스템 결정 : 강축과 약축에 대해 모두 강접합으로 할지 또는 강축에 대해서는 라멘구조, 약축에 대해서는 가새구조로 할지를 결정
③ 철골구조의 장점인 장스팬 경량화 및 건식공법을 최대한 이용한 설계
④ 수평하중에 적절히 대응할 수 있는 계획
⑤ 시공성을 고려한 바닥구조 설계
⑥ 내화구조 방법에 대한 고려
⑦ 코어 시스템에 대한 고려
⑧ 기둥의 배치방향
⑨ 작은보의 배치방향 및 간격
⑩ 주각의 접합방법 고려

3-5 부재단면 가정법

구조계획이 끝나면 구조 평면도 및 입면도를 정확히 작도하고 보와 기둥의 단면을 가정한다. 경험이 풍부한 구조설계자의 경우 간단한 계산에 의해 매우 정확

한 단면을 가정할 수 있으나, 초보자의 경우는 몇 번의 시행착오를 거치며 시간을 많이 소요하게 된다. 부재단면 가정법은 여러 책에 조금씩 언급되어 있으나 초보자가 이해하기가 다소 어렵게 느껴질 수도 있다. 여기서는 다음과 같은 경험적인 방법 두 가지를 소개해 보고자 한다.

표 3-1 구조부재단면 가정법(개략적 방법)

부　　재	단면 가정 방법	비 고
주가구(main frame)	H형강 : H=l/40~50	l : 보의 스팬
보, 샛기둥 (beam, sub column)	H형강 : H=l/20~30	l : 보의 스팬
중도리 띠장(purlin, girt)	경량 C형강 : H=l/30	l : 보의 스팬
가새(brace)	지붕 : ϕ13, 16, 19, 22 roundb bar 벽면 : L-50×50×6, L-65×65×6	

표 3-2 구조부재단면 가정법(전산에 접근한 방법)

부　　재	단면 가정 방법	참　　고
작은보	· 보춤(h) : $l/20 \sim l/30$ · 단면계수(Z_x) ≥ M/f_b	허용휨응력도(f_b)의 값은 합성보인 경우 1.6 t/cm^{2}로 하지만, 그렇지 않은 경우 1.2 t/cm^2 내외로 가정해 단면계수를 만족시켜 주는 세폭 또는 중폭계열의 형강보를 선택한다.
큰 보	· 보의 C, M_0, V값을 구한다. · C값의 1.3배(경험값) 한 값을 설계용 휨모멘트로 가정한다. · SPAN l/40	작은보와 동일함
기 둥	· 기둥의 축력(N)을 구한다. · σ_c/f_c값을 중앙기둥은 0.8(경험값)로 하고 외곽기둥은 0.65 (경험값)로 가정한다.	f_e값을 1.4 t/cm^{2}로 가정하면 중앙기둥의 단면적이 $N\times1.12$의 값을, 외곽기둥의 단면적이 $N\times0.91$을 만족시켜 주는 광폭 또는 중폭계열의 형강보를 선택한다.

참고적으로 구조계산에 의해 그려지는 철골구조 도면의 도서는 다음과 같다.

① Anchor Bolt & Base Plate Layout
② Framing Plan : 최하층부터 최상층순으로1)
③ Framing Elevaion
④ Column Base Plate Detail
⑤ Column Detail : 최하층부터 최상층순으로
⑥ Stud Detail
⑦ Wall Bracing Detail
⑧ Beam & Girder Detail : Main부터 Sub순으로
⑨ Roof Truss Derail : Main부터 Sub순으로
⑩ Misc. Roof Member Derail : 큰 것부터 작은 것순으로
⑪ Roof Bracing Detail
⑫ Stair Detail
⑬ Misc. Menber Detail : 큰 것부터 작은 것순으로
⑭ Connection Detail : Col, Girder, Beam순으로(Welding Bolting순으로)

1) 구조계산서의 구조 평면도는 일반적으로 최상층부터 최하층순으로 작도하는데 이는 하중의 흐름에 준하기 때문이고, 구조 도면을 최하층에서 최상층으로 작도하는 것은 공사의 순서와 관계가 있다.

4

설계하중
Design Load

4-1 바 닥

(1) 지 붕

D.L	Sandwitch Panel (THK=75)	15	25	40	55 kgf/m²	115 kgf/m² → 120 kgf/s²
	Purin & Brace	10				
	Beam	15				
	Main	15				
	Girth					
L.L	60 kg/m²					

(2) 2층(사무실)

D.L	CONC. (THK=140))	336
	슈퍼 덱 (T4 Type)	25
	보 및 가새	40
	천 장	20
L.L		250
TOTAL		671 → 680 kgf/m²

4-2 벽 체

Sandwitch Panel (THK=50)	10	20	35	$50\ kgf/m^2$
Girth	10			
Beam	15			
Main Girder	15			

4-3 풍 하 중

(1) 구조골조용 풍하중 : $W_f = P_f A$

(2) 지붕골조용 풍하중 : $W_r = P_r A$

(3) 풍하중 산정

(1) ①~④ Line

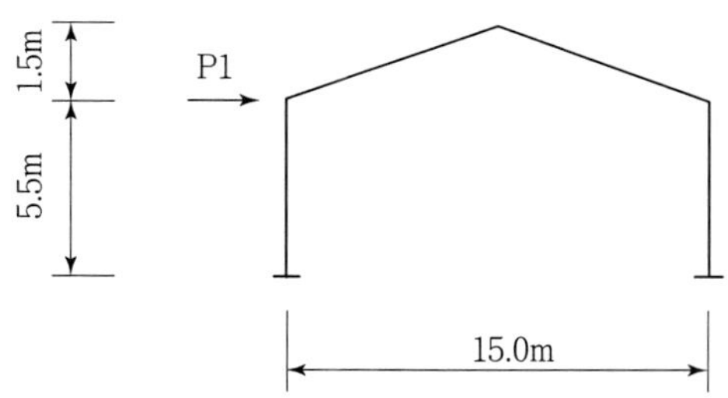

· 구조골조용 설계풍력(P_f)

$$P_f = q_e\, G_f\, C_{pe_1} - q_h\, G_f\, C_{pe_2}$$
$$= 35.25 \times 1.9 \times 0.8 - 35.25 \times 1.9 \times (-0.34)$$
$$= 76.4\,kgf/m$$

· 지붕골조용 설계풍력(P_r)

$$P_r\,(\text{풍상면}) = q_h\,(G_f\,C_{pe} - G_i\,C_{pi})$$
$$= 35.25 \times [1.9 \times (-0.90) - 0 \times 1.3]$$
$$= -60.3\,\text{kgf/m}^2$$
$$P_r\,(\text{풍하면}) = 35.25 \times [1.9 \times (-0.7) - 0 \times 1.3]$$
$$= -46.9\,\text{kgf/m}^2$$

· 구조골조용 풍하중

$$W_f = P_f\,A = 76.4 \times (4.5 \times 5.5/2) = 0.95\,\text{tf}$$

· 지붕골조용 풍하중

$$W_r = P_r\,A = 60.3 \times (4.5 \times 1.5/2) = 0.2\,\text{tf}$$
$$\therefore P_1 = W_f + W_r = 1.15\,\text{tf}$$

(2) ⑤~⑦ Line

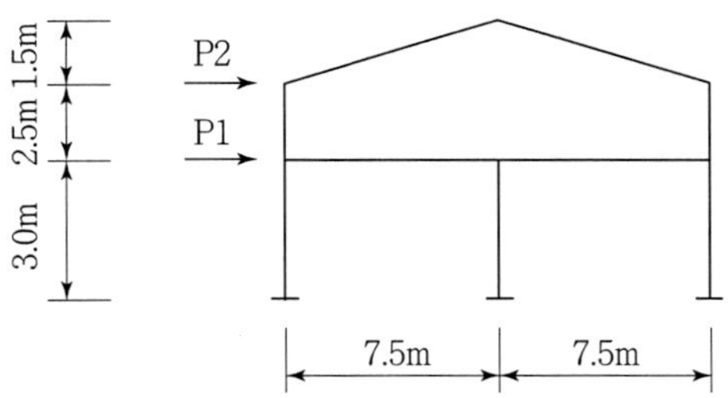

$$P_f = 63.7\,\text{kgf/m}^2 < \text{P}_\text{r} = 25.8\,\text{kgf/m}^2$$

$$P_1 = 63.7 \times \left(4.5 \times \frac{5.5}{2}\right) = 0.79\,\text{tf}$$

$$P_1 = 63.7 \times \left(4.5 \times \frac{2.5}{2}\right) + 23.2 \times \left(4.5 \times \frac{1.5}{2}\right)$$
$$= 0.44\,\text{tf}$$

4-4 지 진 하 중

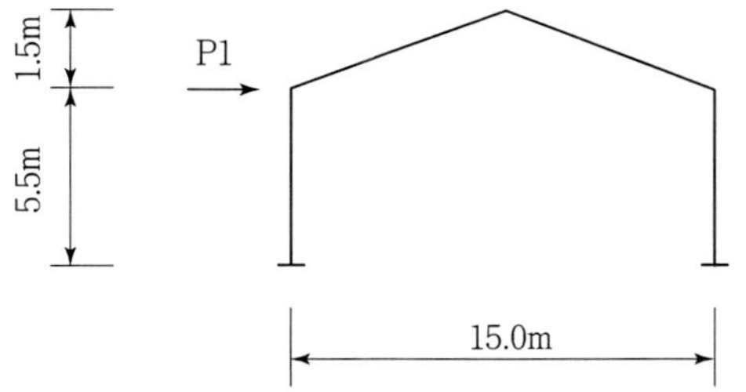

$$V=\left(\frac{A I_E C}{R}\right) W$$

$$V=\frac{0.11\times 0.8\times 1.42\times 1.2}{6}\times(0.12\times 4.5\times 15)=0.2\text{tf}$$

∴ 수평하중에서는 풍하중이 지진하중에 비해 불리하다.

5

구조설계 프로그램에 의한 구조계산

5-1 MIDAS GEN 프로그램의 시작

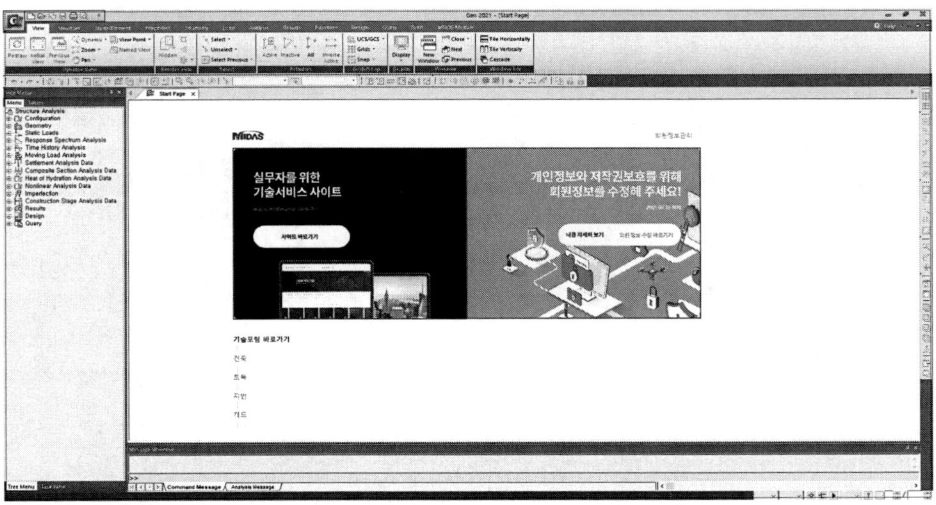

초기화면은 위와 같다.

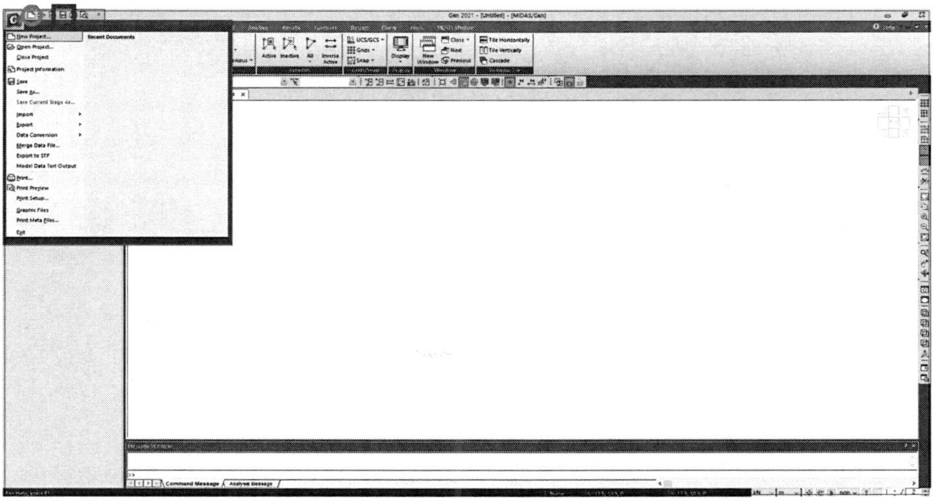

메뉴바의 ○부분(NEW)을 눌러 새 파일을 만들고 □부분을 눌러 파일명을 만든 후 저장한다.

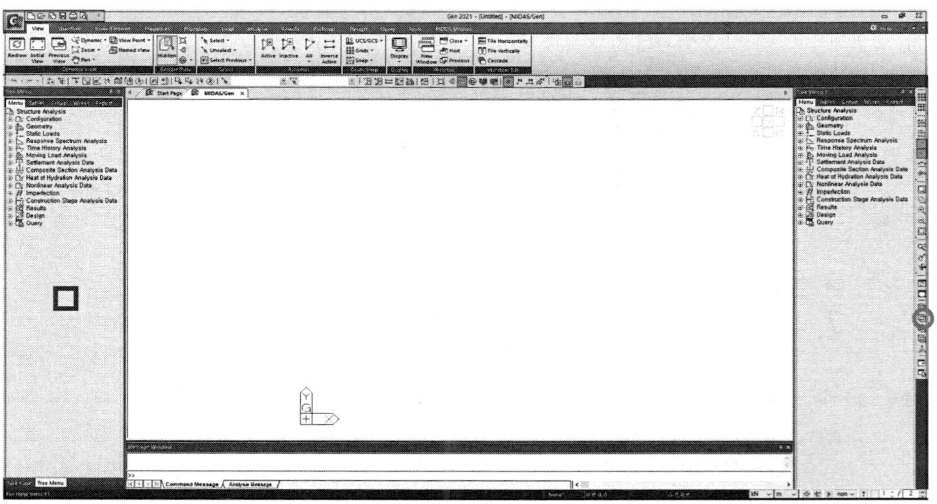

X-Y 평면보기를 선택한다(Ctrl + Shift + T를 누르거나 ○부분 클릭).

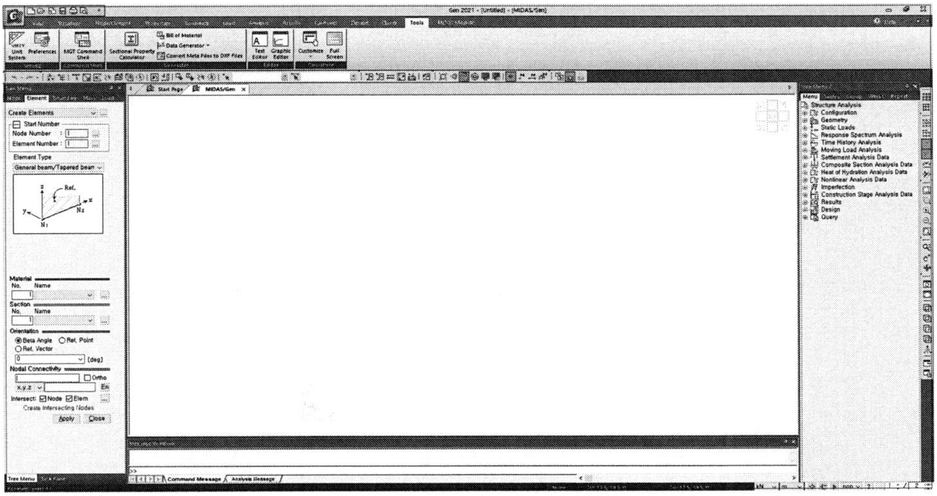

좌측 빈 공간을 마우스 좌측버튼으로 click한 후 alt+1을 누르면 위와 같은 화면이 뜬다(위 그림에서 ▢부분).

5-2 골조의 모델링

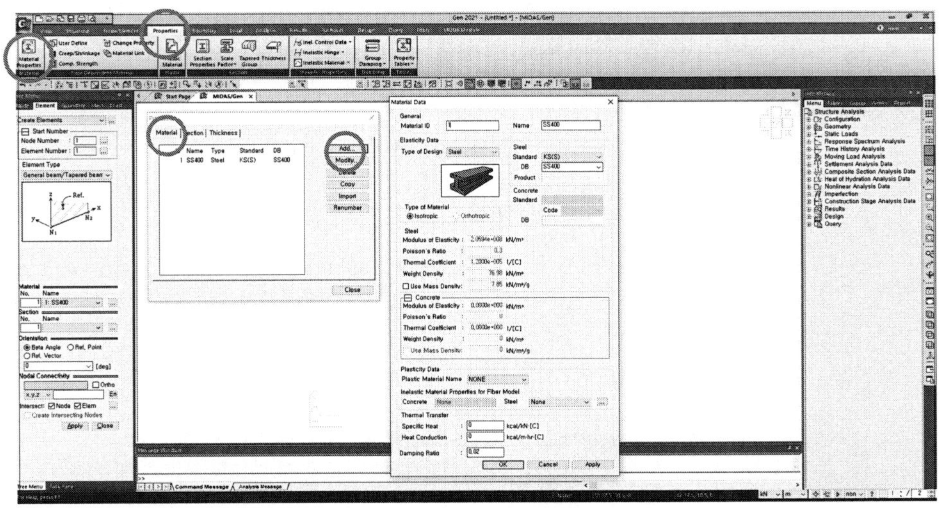

메뉴바의 Properties를 선택 후 ○부분 아이콘을 눌러 재질 및 강도[material], 단면[section], 판요소 두께[thickness]를 입력한다.

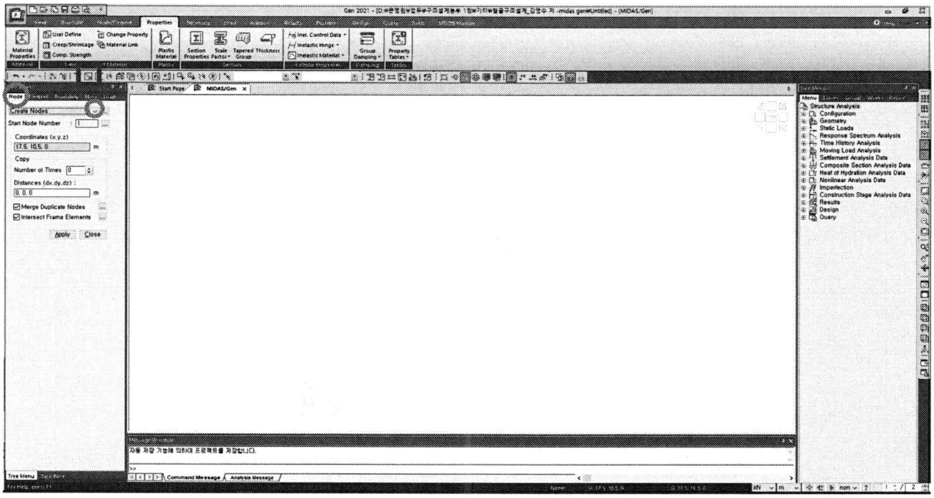

○부분[Node]을 누른 후 Create Nodes을 선택하여 기준점을 선정한다(기본값 0,0,0).

이후 Creat Nodes, Delete Nodes, Translate Nodes 등을 이용하여 필요한 절점을 생성한다(선택은 □아이콘을 눌러 Select by Window를 사용한다).

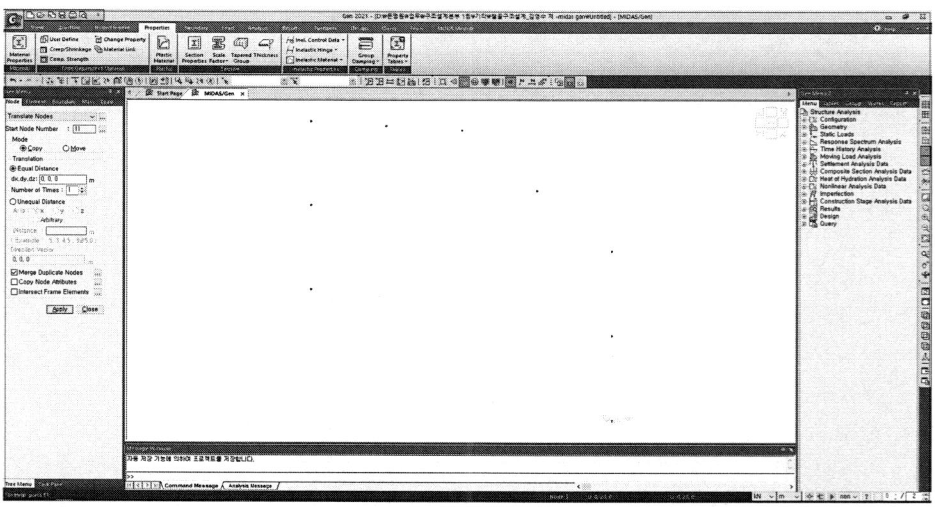

절점을 생성시킨 화면은 위 그림과 같다.

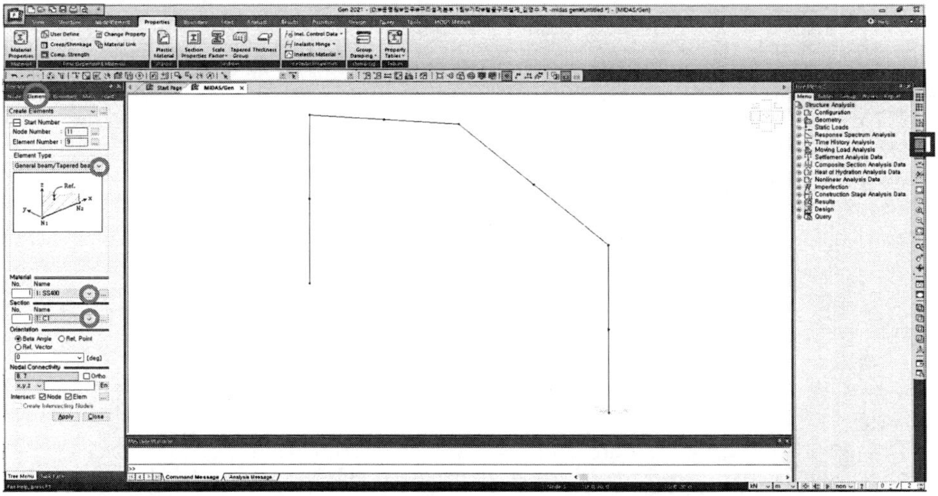

○부분[Element]을 누른 후 General beam/Tapered beam을 선택한다. 하단의 재질, 단면을 선택한 후 절점을 연결해 부재를 생성한다(절점을 연결하기 위해서는 ☐부분 아이콘을 눌러 node snap을 먼저 설정해야 하며 좌측 하단부의 [Nodal Connectivity]의 빈칸을 클릭해야 node snap이 작동한다).

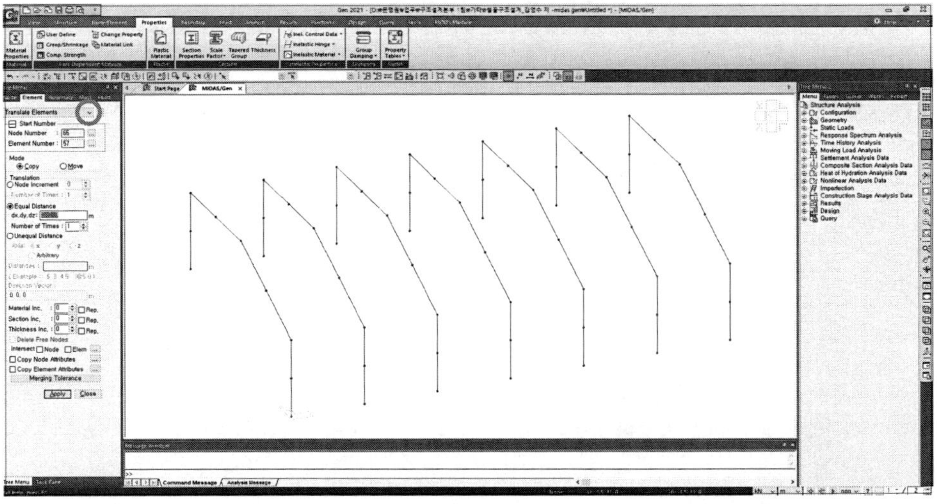

○부분에서 [Translate Elements]를 선택한 후 먼저 형성된 부재를 복사한다.

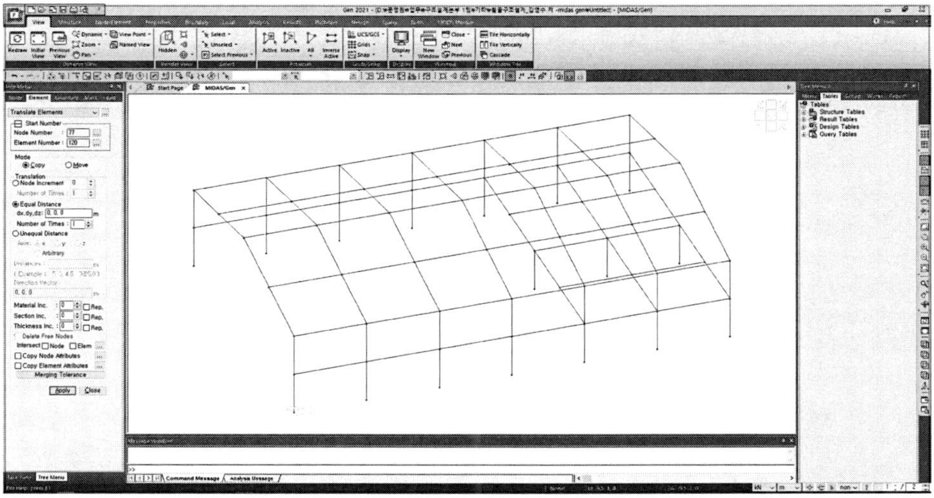

동일한 방법으로 나머지 부재를 형성시킨다. 최종 완성된 구조해석모델은 위 그림과 같다.

〈단순보 지정〉

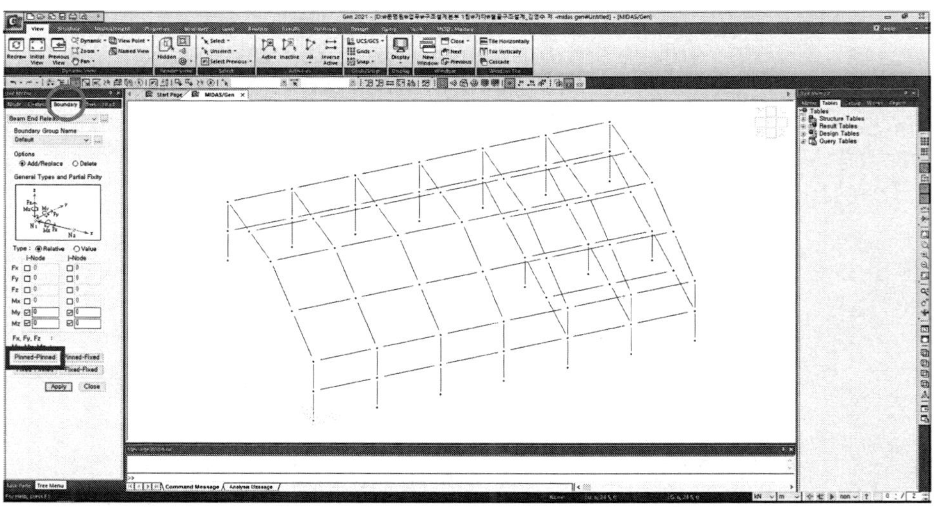

○부분에서 [Boundary] 누른 후 [Beam End Realease] 선택 → 작은보(Beam)의 단부 구속조건을 해제시킨다. □ [Pinned-Pinned]를 클릭하여 부재를 선택한 후 [Apply] 클릭한다.

〈 지점조건 지정 〉

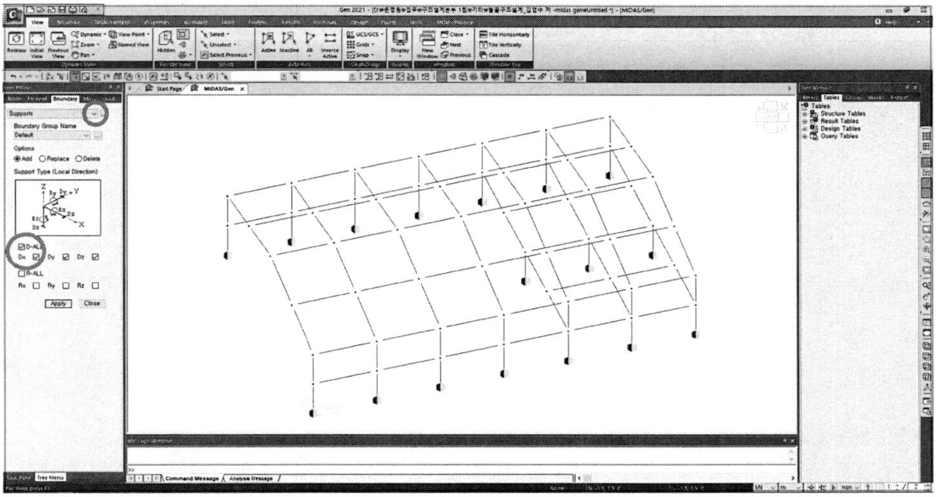

○부분에서 [Supports] 선택 → [D-ALL]만 check(하부 pin 조건) → 기둥 하부점 선택 → [Apply] 클릭한다.

5-3 하중의 입력

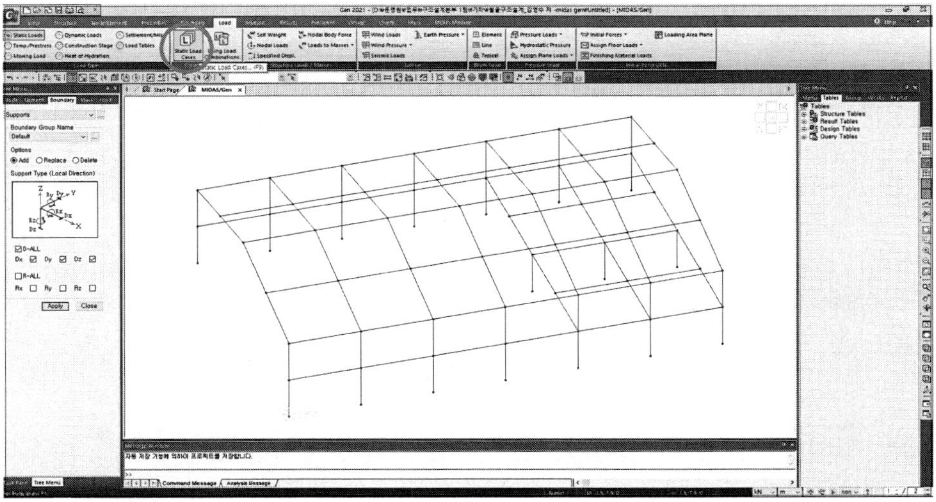

메뉴바의 [Load]를 선택 후 ○부분 [Static Load Cases...]에서 고정하중, 적재하중의 Load Case를 생성시킨다.

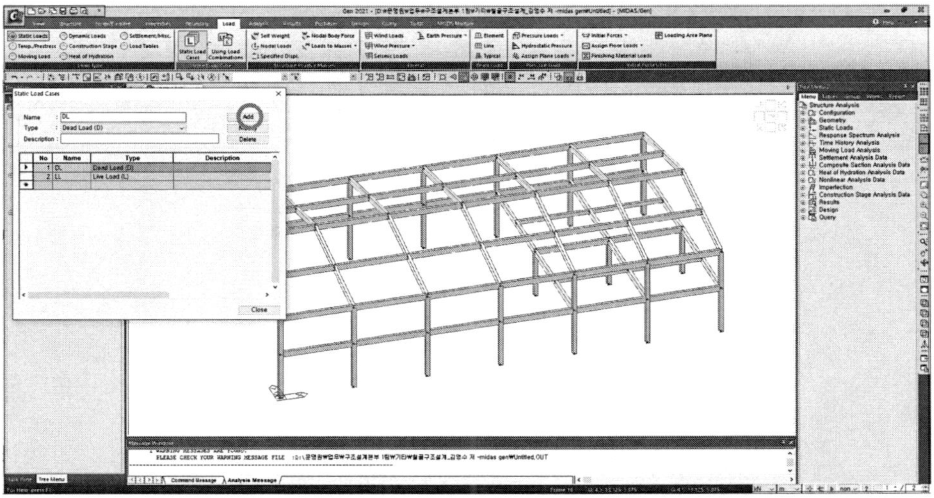

Load Case를 생성시키면 위 그림과 같다.

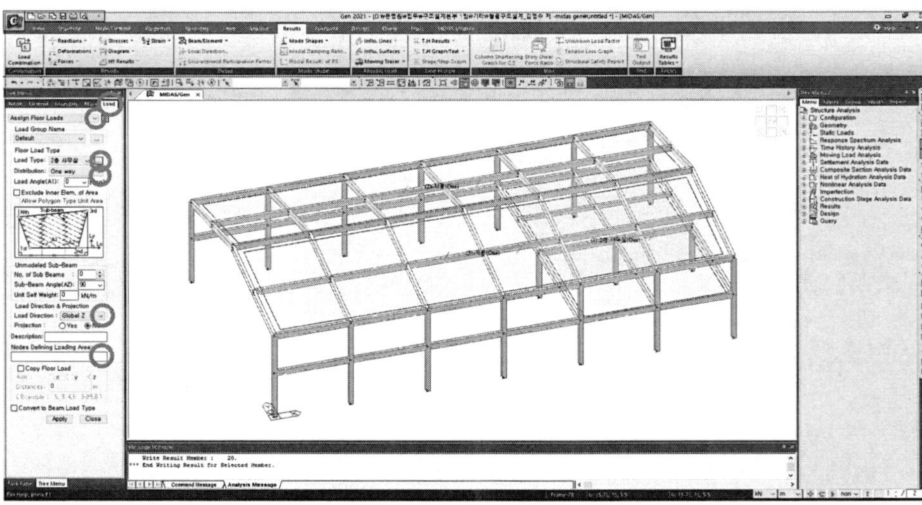

[Load]를 누른 후 [Assign Floor Loads] 선택 → Load Type 만들고 선택 → [Distribution] One way 선택 → 하중재하방향 [Global Z] 선택 → [Nodes Defining Loading Area] 클릭 후 하중 재하될 해당 영역 선택

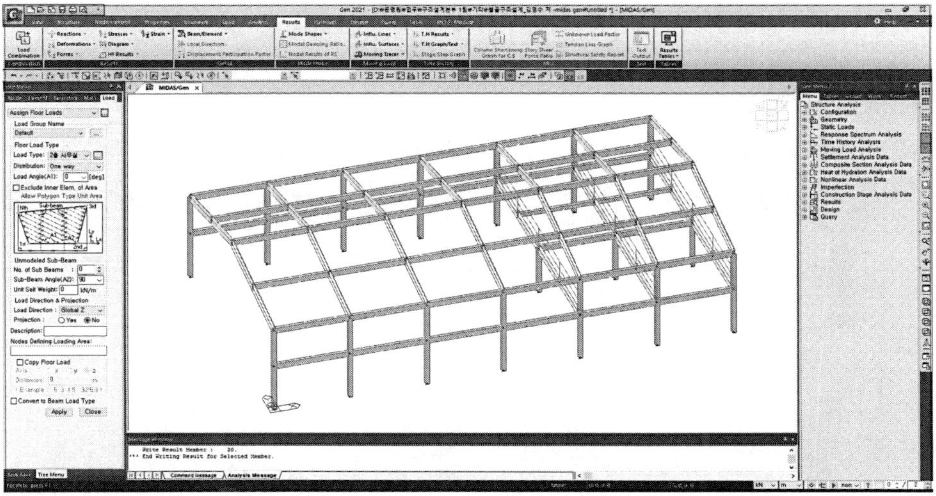

고정하중, 적재하중의 최종 입력상황은 위 그림과 같다.

이상으로 구조해석을 위한 부재형성, 경계조건 입력 및 하중입력이 완료되었다 (전처리 단계 완료).

해석을 수행하기 위해서는 기능키 F5를 누르면 되며, 해석이 완료되면 자동으로 후처리 단계(결과검토 및 출력단계)로 넘어가게 된다.

5-4 결과검토 및 출력단계(후처리 단계)

〈하중조합 생성〉

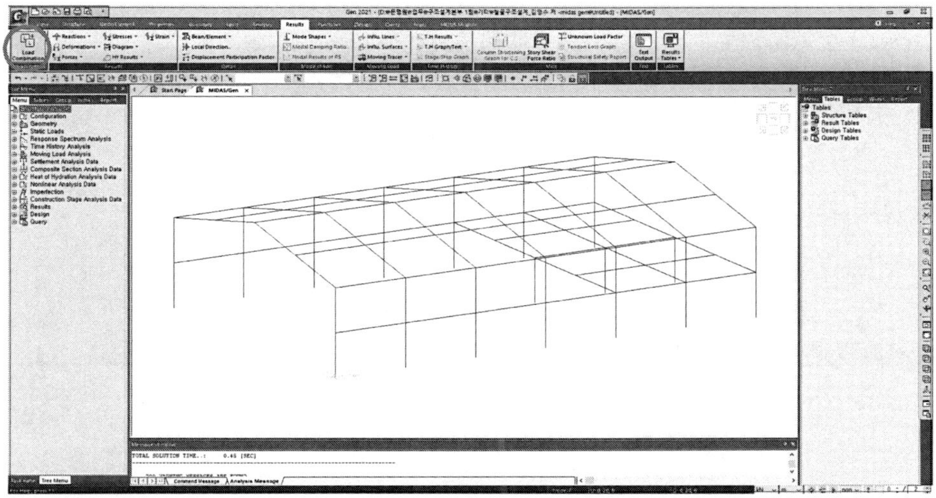

해석완료 후 결과확인을 위해 Result 기능을 수행한다. 메뉴바의 Results → Load Combination → Steel Design → Auto Generation

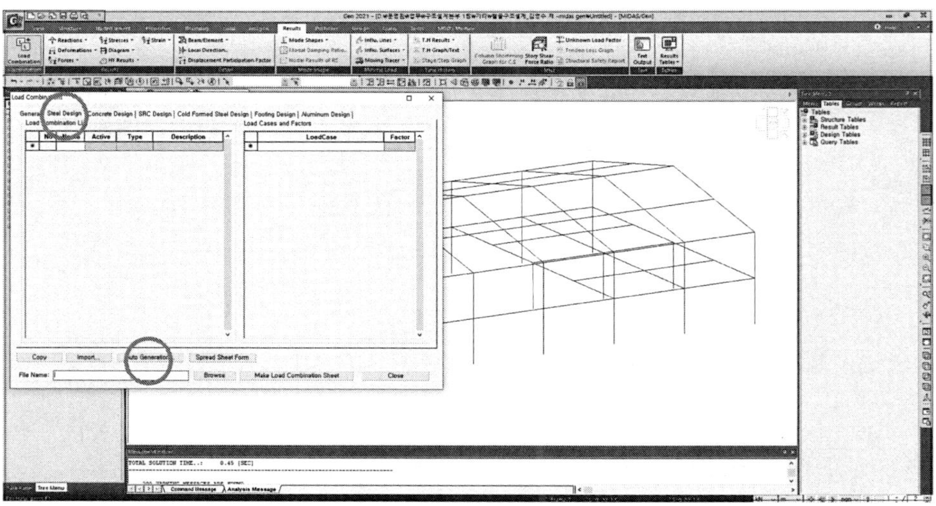

Results → Load Combinations → Steel Design → Auto Generation 실행준비

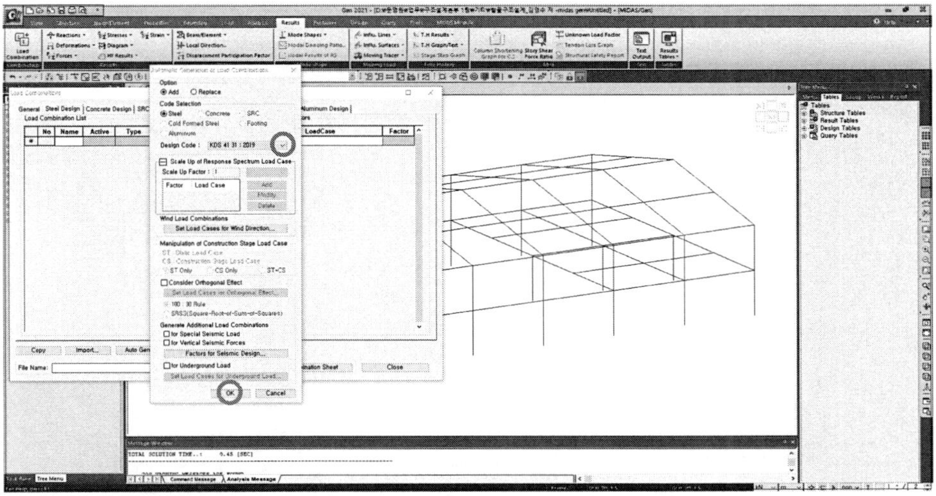

Load Combinations에서 Design 기준설정(KDS 41 31 : 2019 _한국강구조학회 강구조설계규준)한 후 OK 누른다.

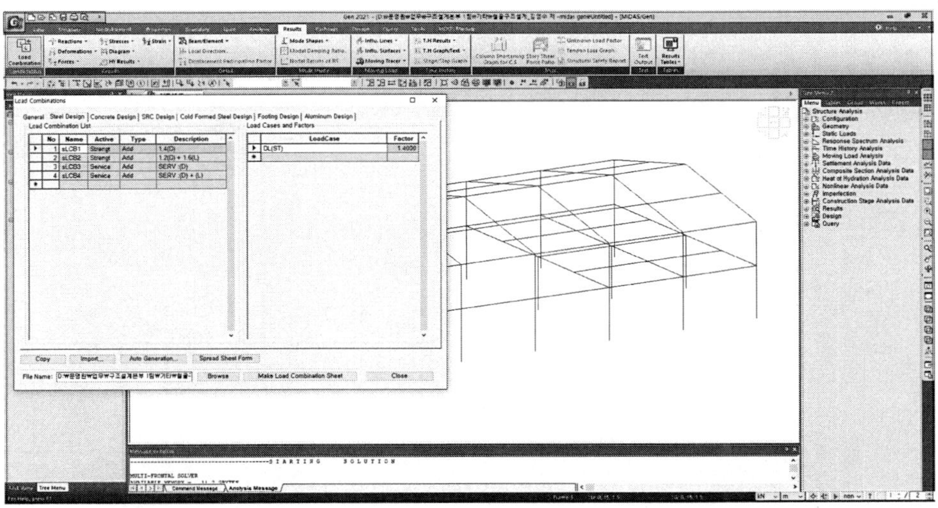

Load Combination(sLCB2 = 1.2 (D) + 1.6 (L))이 생성되었다.

〈 지점반력 확인 〉

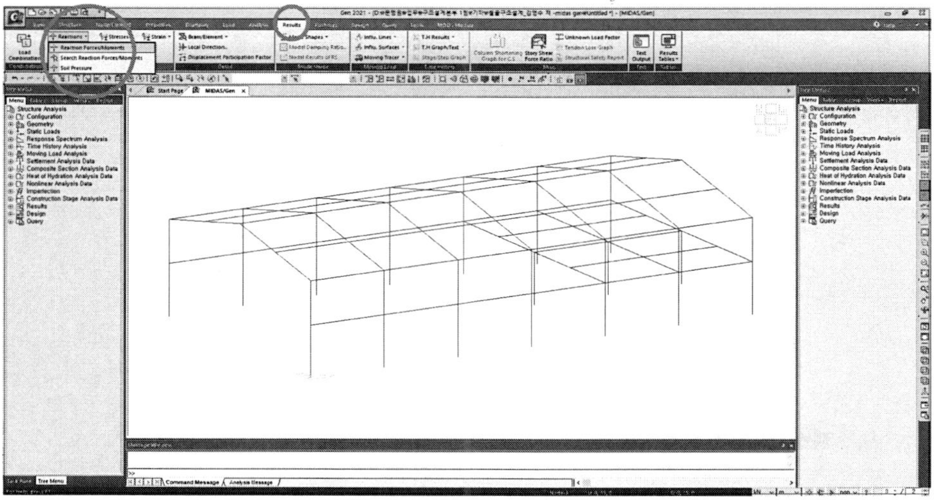

기초반력을 확인하기 위해 메뉴바에서 Results → Reactions → Reaction Forces/Moments 선택한다.

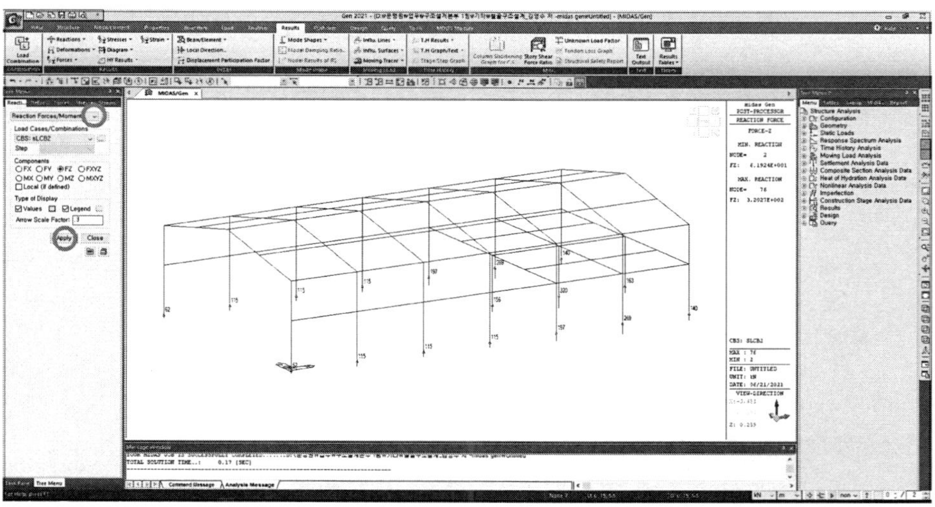

조합된 Load Cases/Combinations 선택 → Apply를 순서대로 실행하면 위와 같이 반력값이 나타난다.

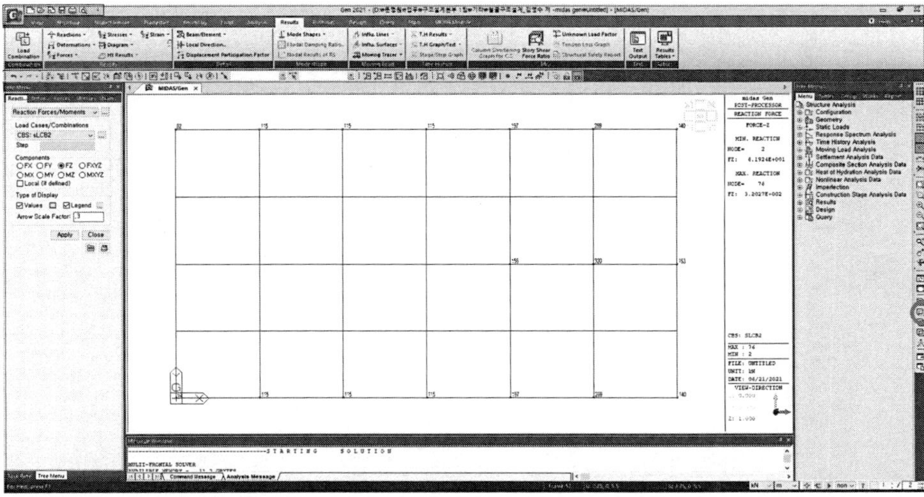

기초반력을 보다 용이하게 확인하기 위하여 xy-view 기능을 이용하여 평면상으로 확인한다(○부분 클릭). 반력은 숫자로 표시되며 하중조합에 따른 최대값도 확인할 수 있다.

〈 처짐값 확인 〉

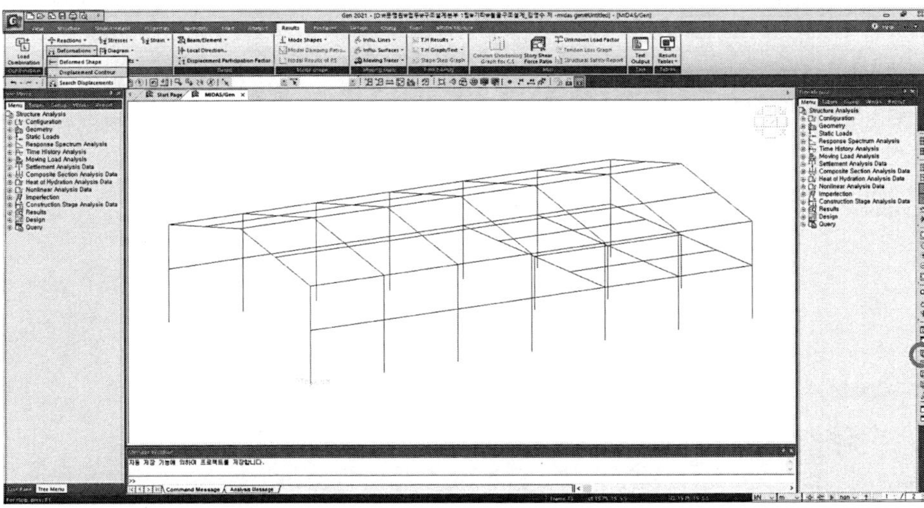

건물의 변형을 확인하기 위하여 입체화면으로 전환한다(○부분 클릭).

Results → Deformation → Displacement Contour

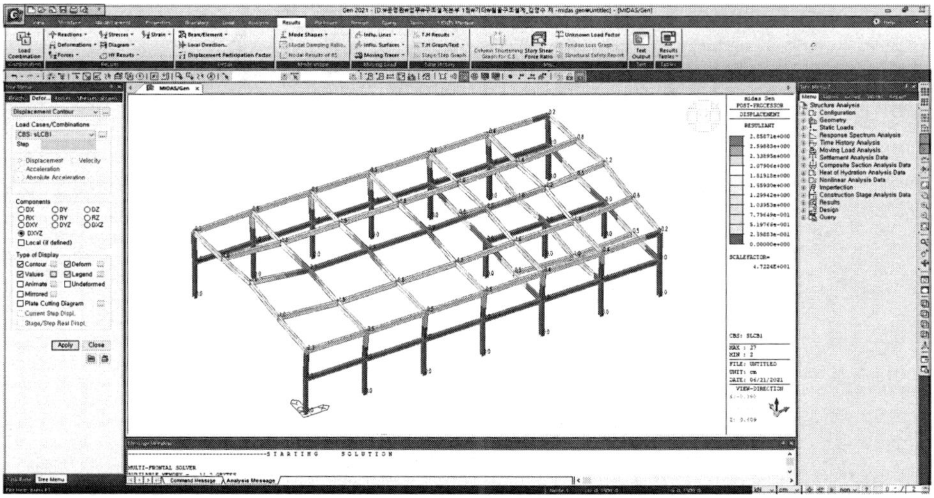

화면에 Load Case별로 변위 및 그 최대값을 확인할 수 있다. 단위를 mm, cm로 소수 첫째 자리까지 조정해서 보면 편리하다.

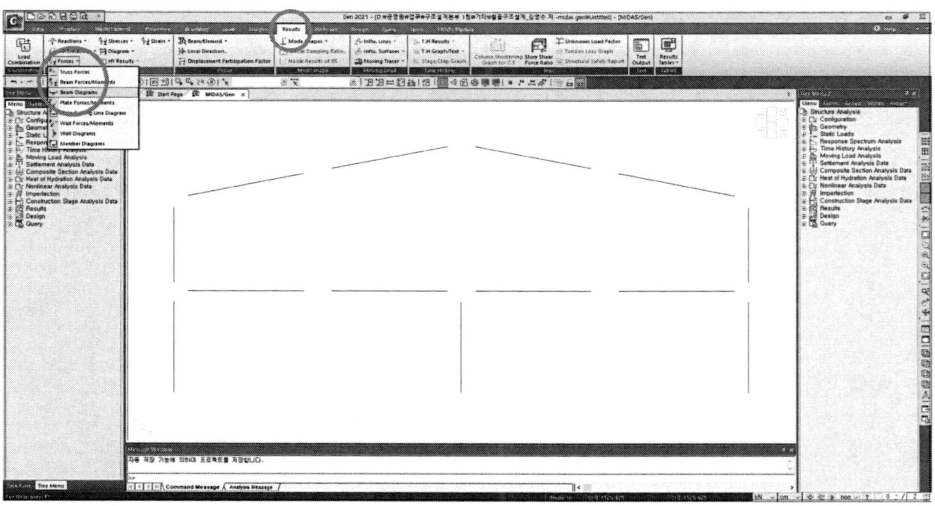

〈부재응력 검토〉

xz-plane과 yz-plane 기능을 이용하여 frame(열)별로 Load Combination에 따른 휨모멘트와 전단력을 표시한다. 메뉴바의 Results → Forces → Beam Diagrams를 선택한다.

- 휨모멘트도 -

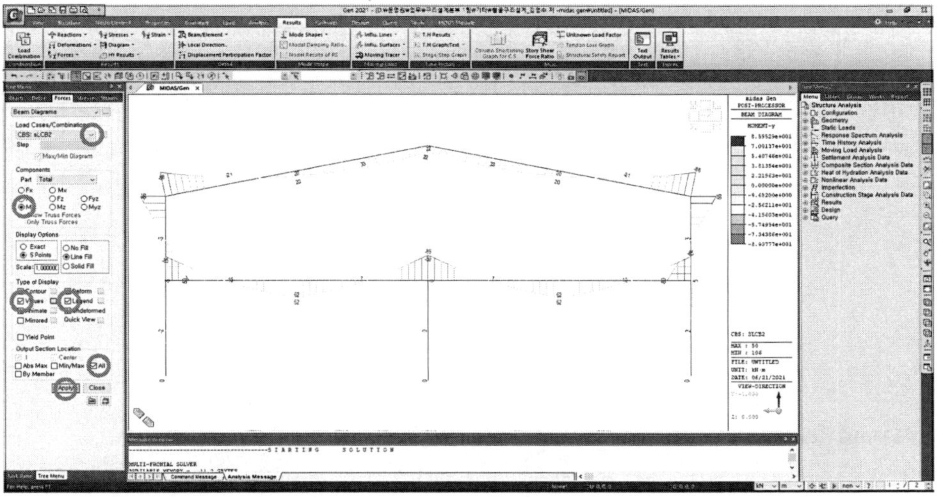

⑦ 열의 휨모멘트도 CBS:sLCB2 → My → Values → Legend → All → Apply

- 전단력도 -

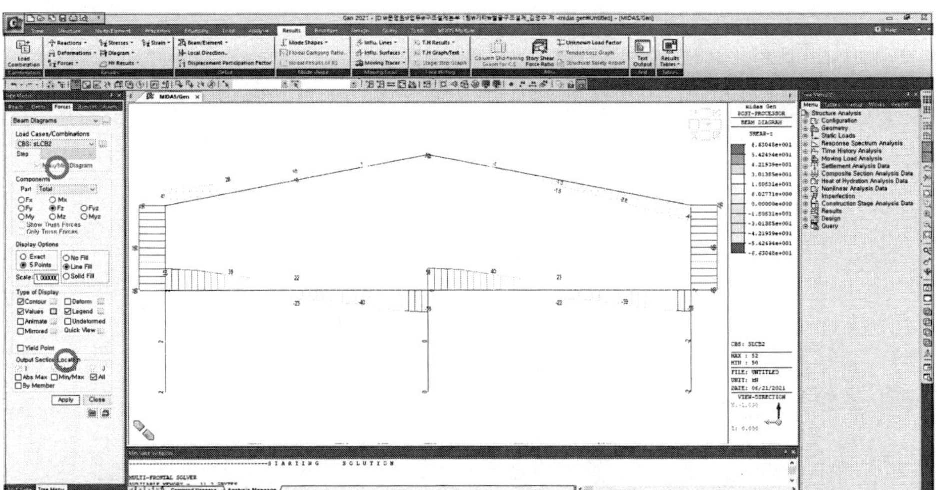

⑦ 열의 전단력도 CBS:sLCB2 → Fz → Values → Legend → All → Apply

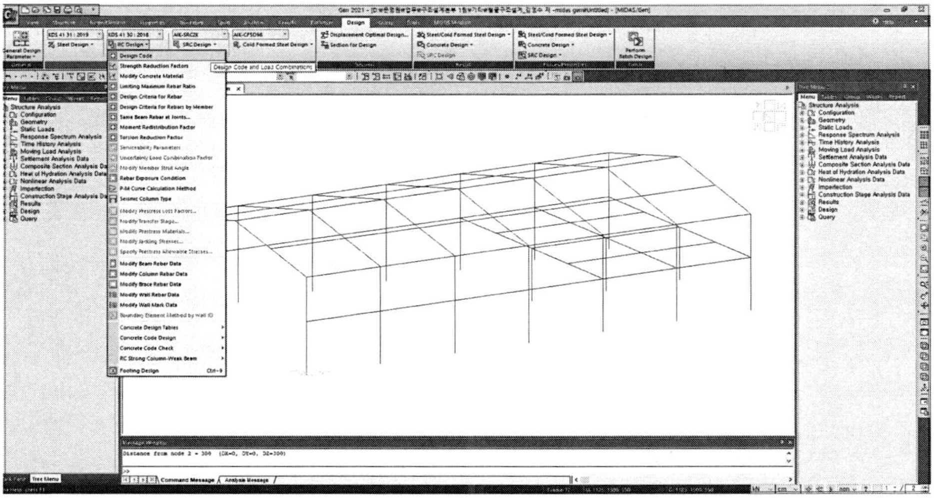

결과 출력 후 부재별로 DESIGN 기능을 이용하여 부재를 설계한다.
DESIGN CODE 등 부재와 관련된 여러 조건을 입력한다.

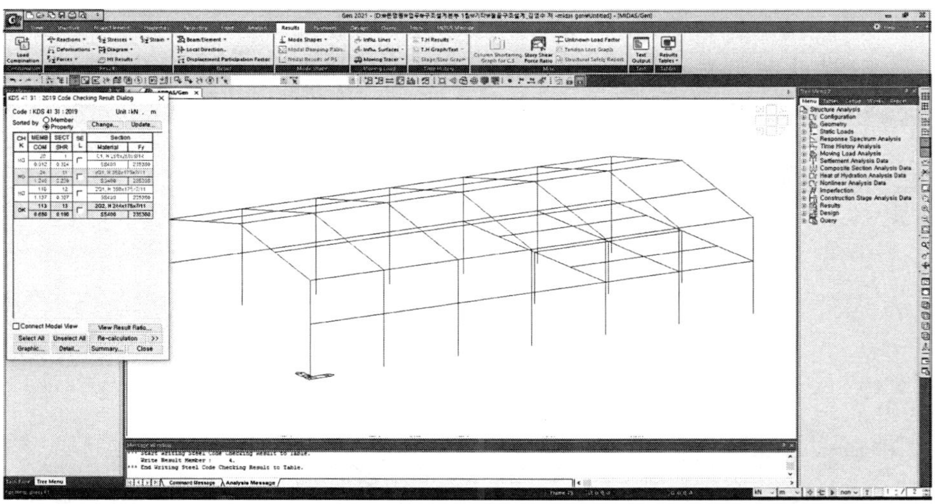

Ctrl + 6을 눌러 부재설계(BEAM, GIRDER, COLUMN) 결과값을 확인한다.

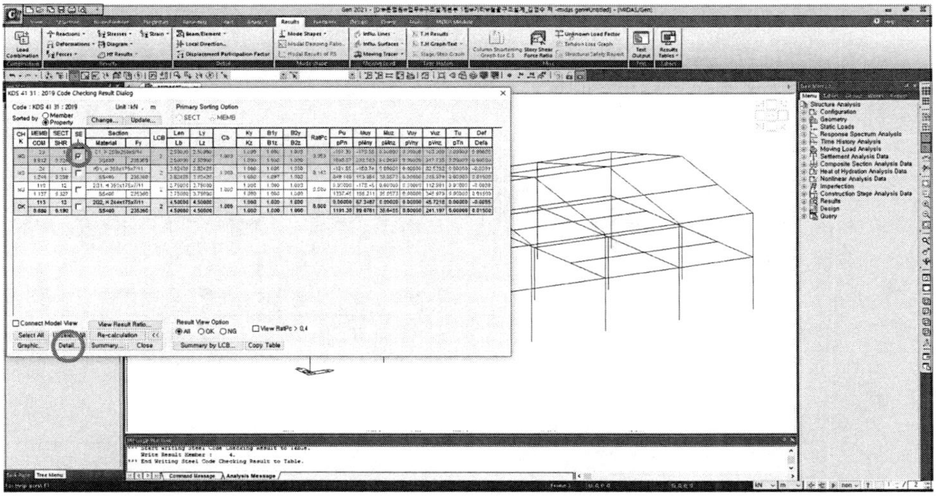

하나의 부재를 선택한 후 Detail...을 눌러 부재설계 상세 결과값을 확인한다.

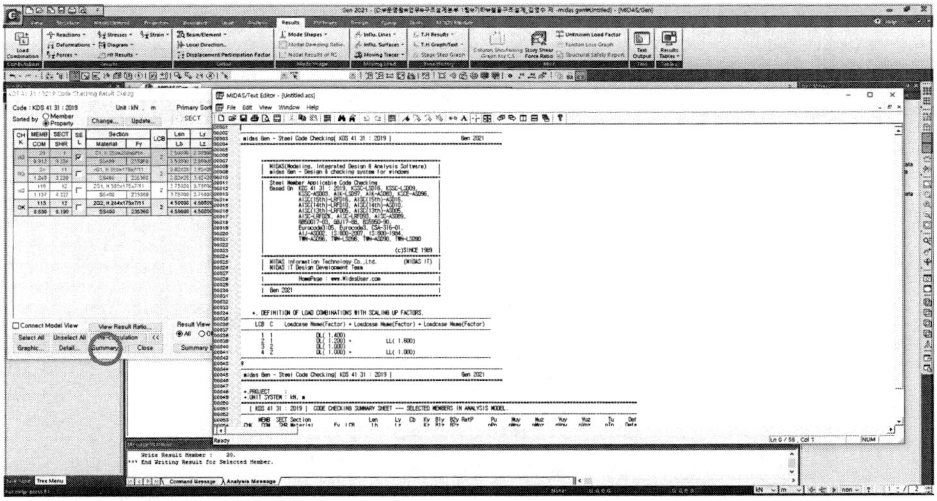

Summery를 선택하면 부재검토 요약 결과가 표시된다.

6

손계산에 의한 구조설계 (허용응력설계법)

6-1 보의 C, M_0, V

(1) 부재가정

① 큰보(girder)

- ${}_{R}G_{I}$

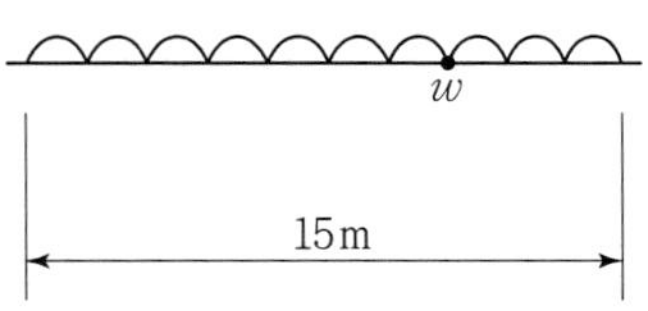

$w = 0.12\,\text{tf/m}^2 \times 4.5\,\text{m} = 0.54\,\text{tf/m}$

단부휨모멘트$(C) = 0.54 \times 152/12 = 10.13\,\text{tfm}$

중앙부휨모멘트$(M_0) = 0.54 \times 152/8 = 15.19\,\text{tfm}$

전단력$(V) = 0.54 \times 15/2 = 4.05\,\text{tf}$

단부최대휨모멘트$(M_1) = 8.9\,\text{tfm}$[1)]

$f_b = 1.6\,\text{tf/cm}^2$ 가정

$$Z_{req} = \frac{M_1}{f_b} = \frac{890}{1.6} = 556\,\text{cm}^3$$

---

1) 동부제강, "경량H형강 구조설계편람", p. 68, 1987

계수고려 여유분 25 % 증가 $Z = 556 \times 1.25 = 69\,\text{cm}^3$

H형강 표에서 H$-350 \times 175 \times 7 \times 11$ ($Z = 775\,\text{cm}^3$)

• $_2G_1$

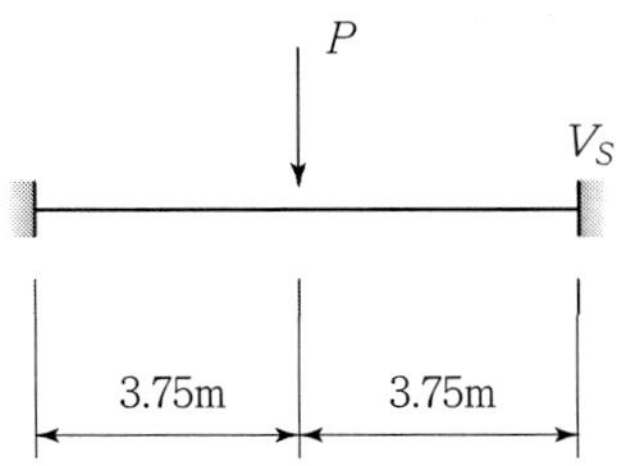

$P = (0.68\,\text{t/m}^2 \times 3.75\,\text{m}) \times 4.5\,\text{m}/2 \times 2^{EA} = 8.27\,\text{t}$

단부휨모멘트(C)$= Pl/8 = 8.27 \times 7.5/8 = 7.75\,\text{t·m}$

중앙부휨모멘트(M_0)$= Pl/4 = 8.27 \times 7.5/4 = 15.5\,\text{t·m}$

전단력(V)$= P/2 = 8.27/2 = 4.13\,\text{t}$

가상단부 최대휨모멘트(M_1)$= 1.3C = 10.08\,\text{t·m}$

$f_b = 1.6\,\text{t/cm}^2$ 가정

$$Z_{req} = \frac{M_1}{f_b} = \frac{1008}{1.6} = 630\,\text{cm}^3 \rightarrow \text{H}-350 \times 175 \times 7 \times 11 \quad \text{가정}$$

• $_2G_2$

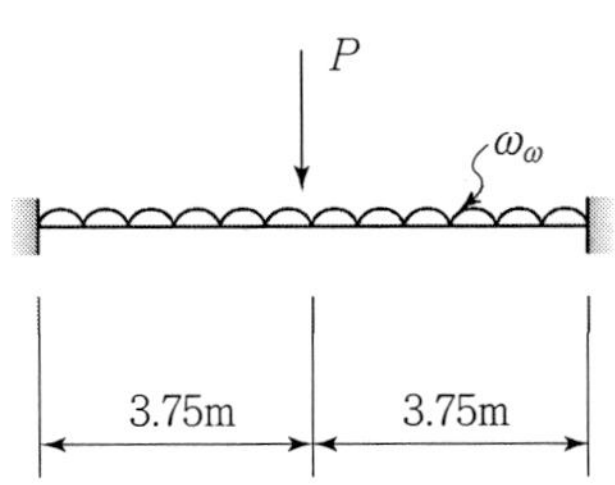

$P = (0.68\,\text{t/m}^2 \times 3.75\,\text{m}) \times 4.5\,\text{m}/2 = 4.13\,\text{t}$

$\omega_\omega = 0.05 \times 4 = 0.2\,\text{t/m}$ (내부벽체하중)

$C = wl^2/12 + Pl/8 = 0.2 \times 7.5^2/12 + 4.13 \times 7.5/8 = 4.81\,\text{t·m}$

$M_0 = wl^2/8 + Pl/4 = 0.2 \times 7.5^2/8 + 4.13 \times 7.5/4 = 9.15\,\text{t·m}$

$V = wl/2 + P/2 = 0.2 \times 7.5/2 + 4.13/2 = 2.82\,\text{t}$

가상단부 최대휨모멘트 $M_1 = 1.3C = 6.25\,\text{t·m}$

$f_b = 1.6\,\text{t/cm}^2$ 가정

$Z_{req} = 625/1.6 = 391\,\text{cm}^3 \rightarrow$ H−244×175×7×11 가정

6-2 기둥의 축력(axial force)

mark	axial force(기둥의 자중은 제외함)
C1 (③/Ⓐ)	$N = 0.12\,\text{t/m}^2 \times 4.5 \times 15/2 + 0.035 \times 4.5 \times 5.0$ $= 4.84\,\text{t}$
C2 (⑥/Ⓐ)	$N = 0.12 \times 4.5 \times 15/2 + 0.035 \times 4.5 \times 5.0 + 0.49 \times 4.5 \times 3.75$ $= 13.11\,\text{t}$
C3 (⑤/Ⓐ)	$N = 0.12 \times 4.5 \times 15/2 + 0.035 \times 4.5 \times 5.0 + 0.49 \times 4.5/2 \times 3.75$ $= 8.97\,\text{t}$
C4 (⑥/Ⓑ)	$N = 0.49 \times 4.5 \times 15 = 33.08\,\text{t}$

② 기 둥

• C_1(③/Ⓐ)

축력 $= 0.12\,\text{t/m}^2 \times 4.5 \times 15/2 + 0.035\,\text{t/m}^2 \times 4.5 \times 5.0$
$= 4.05 + 0.79 = 4.84\,\text{t}$

$l_k = 500\,\text{cm}$, $f_c = 1.4\,\text{t/cm}^2$ 가정

$A = N/f_c = 4.84/1.4 = 3.5\,\text{cm}^2$

축력보다는 휨모멘트에 의해 지배적이고 보 접합의 시공성을 고려하여 광폭계열인 H−250×250×9×14로 가정한다.

6-3 응력해석(Frame Analysis)

• ①~④ Line

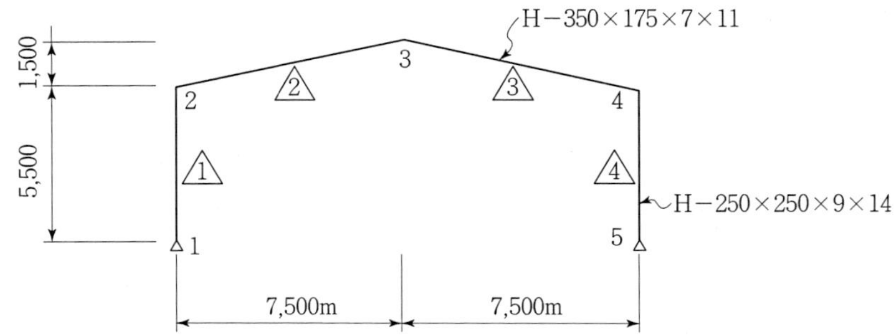

Ele	Load Type	Calculation	Remark
△2 △3	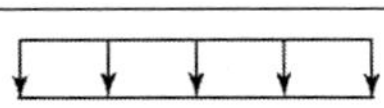	$\omega = 0.16\,t/m^2 \times 4.5\text{ m} = 0.72\text{ t/m}$	$D.L + L.L$
△1	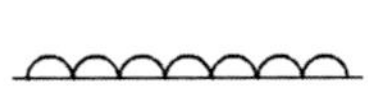	$\omega = 0.8 \times 0.06 \times 4.5\text{ m} = 0.22\text{ t/m}$	$W.L$
△2		$\omega = 1.0 \times 0.06 \times 4.5\text{ m} = 0.27\text{ t/m}$	$W.L$
△3	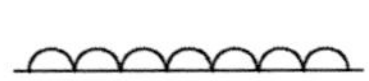	$\omega = -0.7 \times 0.06 \times 4.5\text{ m} = -0.19\text{ t/m}$	$W.L$
△4	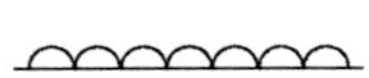	$\omega = 0.6 \times 0.06 \times 4.5\text{ m} = 0.16\text{ t/m}$	$W.L$

• ⑥ Line

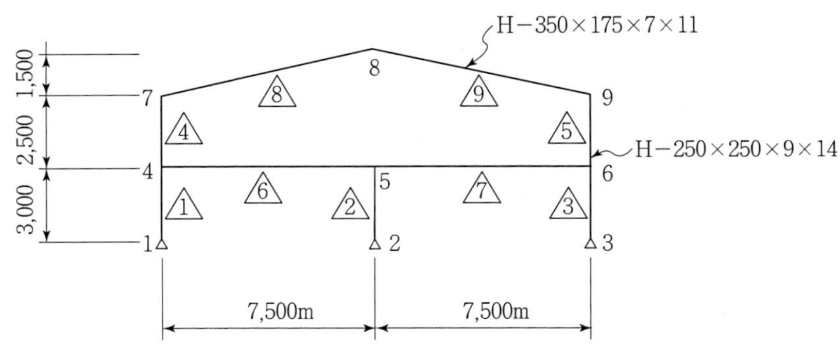

Ele	Load Type	Calculation	Remark
△6 △7	P (concentrated)	$P = (0.49 \times 3.75) \times 4.5/2 \times 2 = 8.27\,t$	D.L+L.L
△8 △9	ω	$\omega = 0.12 \times 4.5\,m = 0.72\,t/m$	W.L
△1 △4	ω	$\omega = 0.8 \times 0.06 \times 4.5 = 0.22\,t/m$	W.L
△3 △5	ω	$\omega = 0.6 \times 0.06 \times 4.5 = 0.16\,t/m$	W.L
△8	ω	$\omega = 1.0 \times 0.06 \times 4.5 = 0.27\,t/m$	W.L
△9	ω	$\omega = -0.7 \times 0.06 \times 4.5 = -0.16\,t/m$	W.L

- ①~④ Line

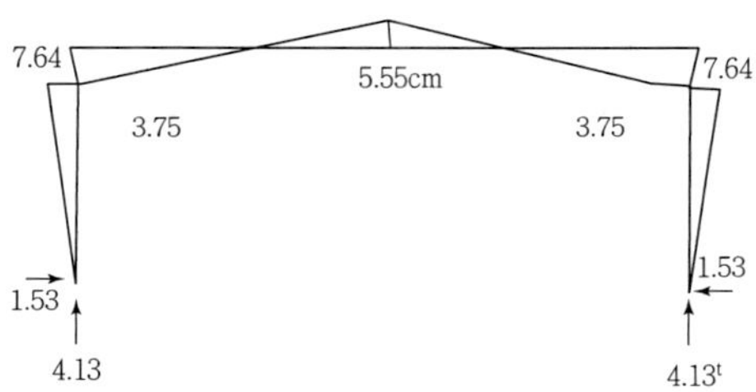

D.L+L.L

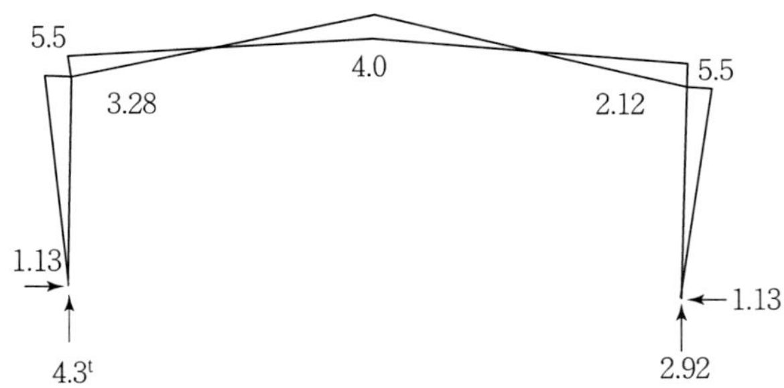

0.67×(D.L+L.L+W.L)

• ⑥ Line

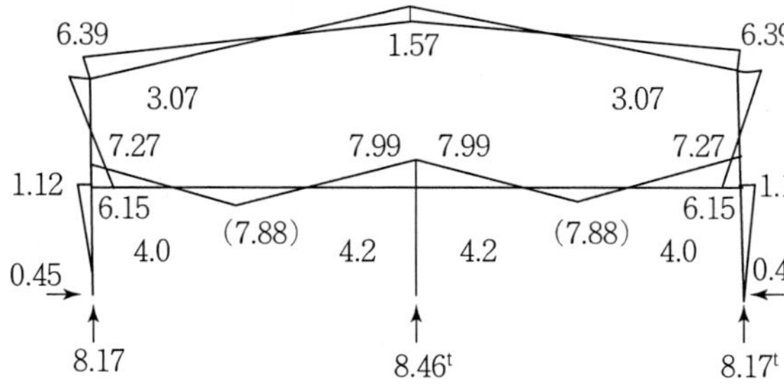

D.L+L.L

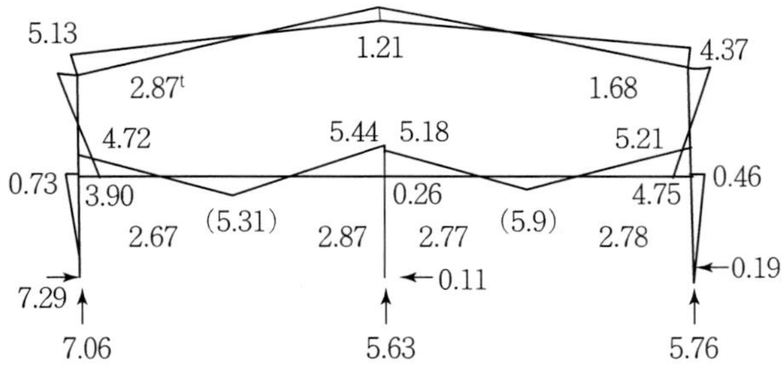

0.67×(D.L+L.L+W.L)

6-4 슬래브 설계

슬래브의 설계방침은 다음과 같다.

① 콘크리트 타설 때의 적재하중은 150 kg/m^{2}으로 한다.
② 바닥슬래브는 양단 핀지지로 가정한다.
③ 장방형의 부휨모멘트는 균열방지 용접철망을 설치한다.

(1) 콘크리트 타설 때의 검토

하　　중	콘크리트	266
	덱 플레이트	18
	적재하중	150
		계　434 kgf/m^2

덱 플레이트　　D−50×204.7×38.6×1.6

최대휨모멘트　　$M_0 = \dfrac{\omega l^2}{8} = 0.434 \times \dfrac{3.75^2}{8} = 0.763\,\text{tf·m}$

단 면 계 수　　$Z = 23.49\,\text{cm}^3$

휨 응 력 도　　$\sigma = \dfrac{M}{Z} = 3.5\,\text{tf/cm}^2$

허용휨응력도(단기)　$f_c = 2.1\,\text{t/cm}^2$

$\therefore \sigma > f_c$　N.G

BEAM 간격을 3.75 m 간격에서 2.5 m 간격으로 조정하여 재검토하면

$$M_0 = 0.434 \times \frac{2.5^2}{8} = 0.34\,\text{tf·m/m}$$

$$\sigma = \frac{34}{23.49} = 1.45\,\text{tf/cm}^2 < f_c$$

∴ 거푸집 용도로 사용될 때에 덱 플레이트(deck plate)가 놓이는 빔의 간격은 3 m 내외가 좋다.

(2) 배 근 계 산

하　　중　　$\omega = 560\,\text{kgf/m}^2$ (설계하중 참조)

최대휨모멘트　$M_0 = \dfrac{\omega l^2}{8} = 0.56 \times \dfrac{2.5^2}{8} = 0.44\,\text{tf·m/m}$

$D = 8$ cm　　$d = 8 - 2.5 = 5.5\,\text{cm}$

$$A_t = \frac{M}{f_t \cdot j \cdot d} = \frac{44}{2.0 \times 0.875 \times 5.5} = 4.57\,\text{cm}^2$$

D10　　$S = \dfrac{71.3}{4.57} = 15.6\ \text{cm}$ → D10@150

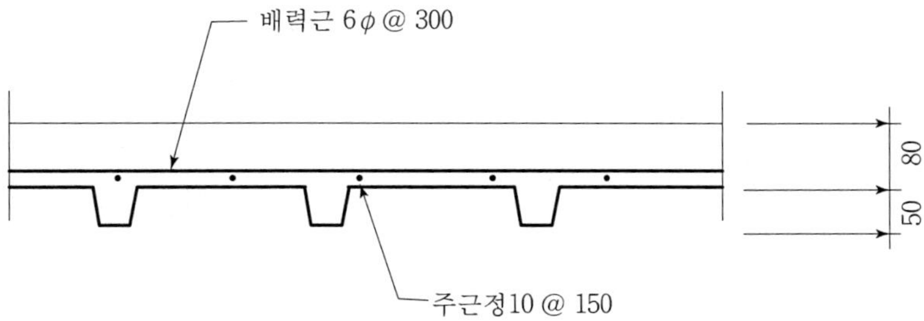

* 보 상단에 균열방지용 용접철망 6φ @150(폭 600) 설치

6-5 큰보 & 작은보 설계

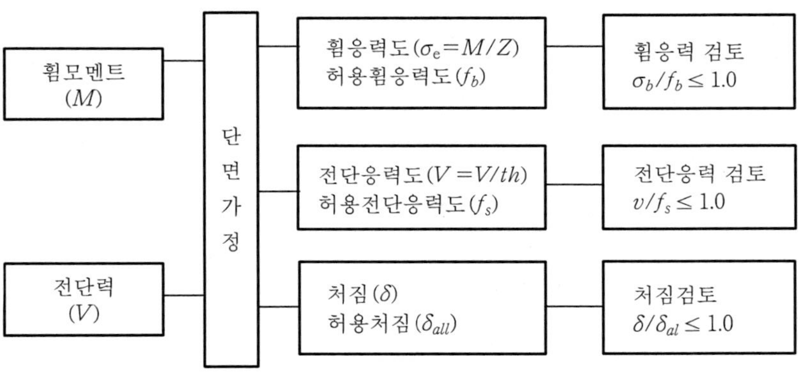

그림 8-1 보단면 산정순서(H형강)

(1) **작은보**(beam)

- $_{R}B_{1}$

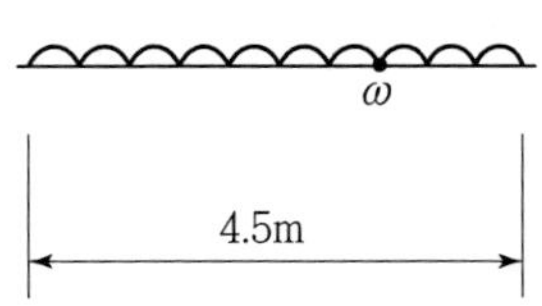

① 단면응력의 산정

$$\omega = 0.1\,\mathrm{tf/m^2}^{1)} \times 1.0 = 0.1\,\mathrm{tf/m}$$

$$M = \frac{\omega l^2}{8} = 0.1 \times \frac{4.5^2}{8} = 0.25\,\mathrm{tf{\cdot}m}$$

$$V = \frac{\omega l}{2} = 0.1 \times \frac{4.5}{2} = 0.23\,\mathrm{tf}$$

② 단 면 가 정

단면응력만 고려할 때에는 경량형강을 사용할 수 있으나 G_1보의 압축플랜지의 지점간 거리를 작게($l_b = 3.75\,\mathrm{m}$) 하기 위해서 H−200×100×5.5×8의 부재로 단면가정을 한다.

③ 허용휨응력도

$$f_b = \left\{1 - 0.4 \times \frac{(l_b/i_b)^2}{C_m \lambda_p^2}\right\} f_t$$

$$= \left\{1 - 0.4 \times \frac{(450/2.6)^2}{1.75 \times 120^2}\right\} \times 1.6 = 0.84\,\mathrm{tf/cm^2}$$

$$f_b = \frac{900 A_f}{l_b \cdot h} = \frac{900 \times (10 \times 0.8)}{450 \times 20} = 0.8\,\mathrm{tf/cm^2}$$

$$\therefore f_b = 0.84\,\mathrm{tf/cm^2}$$

④ 휨응력도 검토

$$\sigma_b = \frac{M}{Z} = \frac{25}{184} = 0.14\,\mathrm{tf/cm^2} < f_b$$

⑤ 전단응력도 검토

1) D.L+L.L의 하중(100 kg/m^2 : 장기하중)이 D.L+W.L의 하중(100 kg/m^2 : 단기하중)보다 불리한 경우임

$$v = \frac{V}{tL} = \frac{0.23}{(0.55 \times 20)} = 0.02\,\mathrm{tf/cm^2} < f_s$$

$$= \frac{2.4}{1.5\sqrt{3}} = 0.924\,\mathrm{tf/cm^2}$$

⑥ 처짐 검토

$$\delta = \frac{5Wl^4}{384EI} = \frac{5 \times 0.1 \times 4.5 \times 450^3}{384 \times 2{,}100 \times 1{,}840} = 0.14\,\mathrm{cm} < \delta_{all}$$

$$= \frac{l}{300} = \frac{450}{300} = 1.5\,\mathrm{cm}$$

실무에서 이용하는 양식지(작은보, 큰보)에 의한 계산은 다음과 같다.

Design of Steel Beam

No	Loading	Req'd Strength	Output
$_{R}B_{2}$	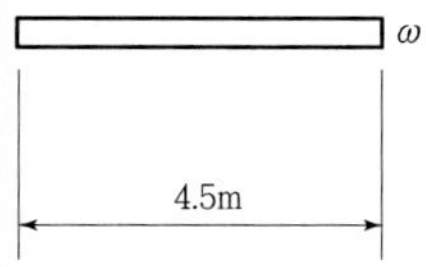 $\omega = 0.1 \times 1.0\,m$ $= 0.1\,t/m$ $P =$	$W = 0.1 \times 4.5 = 0.45\,tf$ $V = 0.1 \times 4.5/2 = 0.23\,tf$ $M = 0.1 \times 4.5^2/8 = 0.25\,tf{\cdot}m$ $lb = 450\,cm$ $Z \geqq \quad cm^3$ $I \geqq 19 \times 0.1 \times 4.5^3 = 174\,cm^4$ $(\Delta \leqq l/300)$	H−200×100×5.5×8 $I = 1{,}840\,cm^4$ $Z = 184\,cm^3$ $f_b = 0.84\,tf/cm^2$ $\frac{\sigma_b}{f_b} = 0.14\,cm < 1.5\,cm$ (G.PL−, S, −M, ⋯, B)
$_{2}B_{1}$	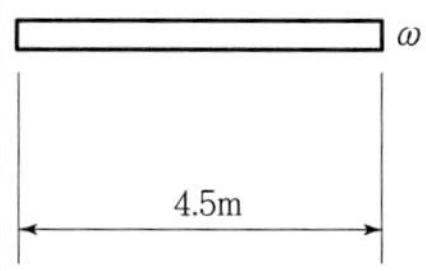 $\omega = 0.49 \times 3.75\,m$ $= 1.84\,t/m$ $P =$	$W = 1.84 \times 4.5 = 8.27\,tf$ $V = 1.84 \times 4.5/2 = 4.13\,tf$ $M = 1.84 \times 4.5^2/8 = 4.65\,tf{\cdot}m$ $lb = 450\,cm$ $Z \geqq \quad cm^3$ $I \geqq 19 \times 1.84 \times 4.5^3 = 3{,}182\,cm^4$ $(\Delta \leqq l/300)$	H−244×175×7×11 $I = 6120\,cm^4$ $Z = 502\,cm^3$ $f_b = 1.58\,tf/cm^2$ $\frac{\sigma_b}{f_b} = 0.93/1.58$ $= 0.59 < 1$ $\Delta = 0.76\,cm < 1.5\,cm$ (G.PL−, S, −M, ⋯, B)
$_{2}B_{2}$	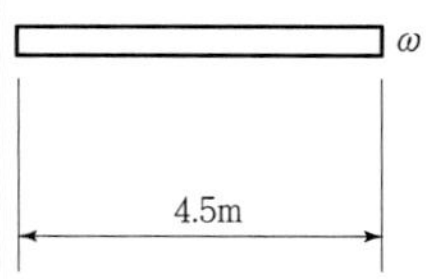 $\omega = 0.49 \times 3.75/2$ $= 0.92\,t/m$ $P =$	$W = 0.92 \times 4.5 = 4.13\,tf$ $V = 0.92 \times 4.5/2 = 2.07\,tf$ $M = 0.92 \times 4.5^2/8 = 2.33\,tf{\cdot}m$ $lb = 450\,cm$ $Z \geqq \quad cm^3$ $I \geqq 1{,}591\,cm^4$ $(\Delta \leqq l/300)$	H−250×125×6×9 $I = 4{,}050\,cm^4$ $Z = 324\,cm^3$ $f_b = 0.9\,tf/cm^2$ $\frac{\sigma_b}{f_b} = 0.72/0.9 = 0.8 < 1$ $\Delta = 0.58\,cm < 1.5\,cm$ (G.PL−, S, −M, ⋯, B)

(2) 큰보(girder)

Design Of Steel Girder

No		$_{R}G_{1}$								
Section		H−350×175×7×11 $Z_x = 775\,\text{cm}^3$ $i_b =$ cm $\eta =$								
Loading Case		Sustained			Temporary					
Force Diagram M(TM) V(T)		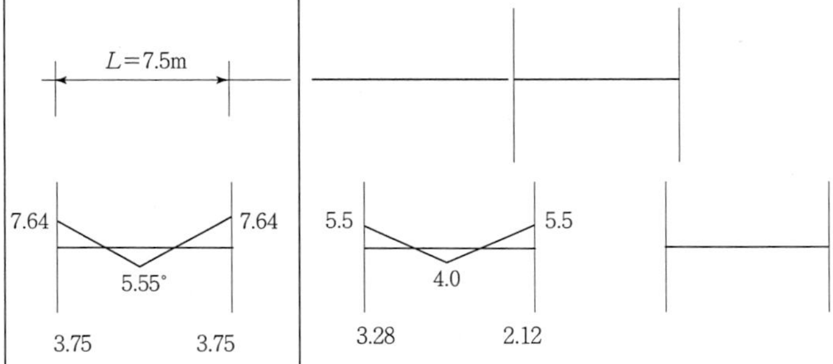								
Allowable Bending Stress	l_f	375								
	$f_{b_1} = \dfrac{900A_f}{l_b h}$	1.32								
	M_2/M_1 C $\lambda = l_b/i_b$ f_{b_2}	−1.0 2.3 81.9 1.47								
f_b[tf/cm^2]		1.47								
$\sigma_b = M/Z_x$[tf/cm^2]		0.99								
σ_f/f_f		0.67	< 1.0							
$\tau = V/ht$[tf/cm^2] τ/f_s		0.15 0.17	 < 1.0							
Remarks										

Design Of Steel Girder

No		$_2G_1$ ($_2G_2$)								
Section		H−350×175×7×11 $Z_x = 775\,cm^3$ $i_b =$ cm $\eta =$								
Loading Case		Sustained			Temporary					
Force Diagram M(TM) V(T)		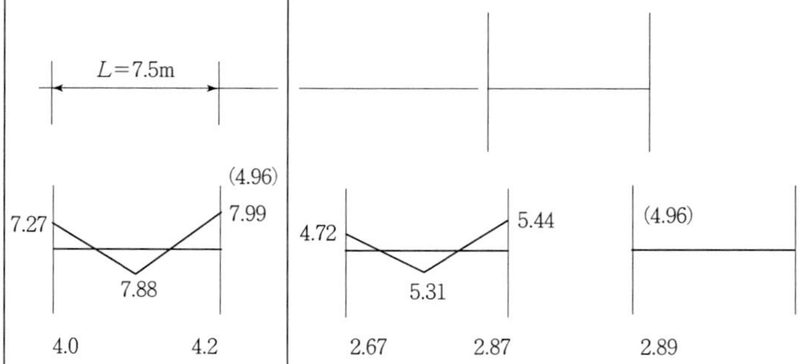								
Allowable Bending Stress	l_f			375				375		
	$f_{b_1} = \dfrac{900 A_f}{l_b h}$			1.32				1.6		
	M_2/M_1 C $\lambda = l_b/i_b$ f_{b_2}			−0.91 2.3 81.9 1.47						
f_b[tf/cm^2]				1.47				1.6		
$\sigma_b = M/Z_x$[tf/cm^2]				1.03				0.99		
σ_b/f_b				0.7 <	1.0			0.62	< 1.0	
$\tau = V/ht$[tf/cm^2] τ/f_s				0.17 0.19 <	 1.0			0.08 0.09	 < 1.0	
Remarks										

6-6 기둥 설계

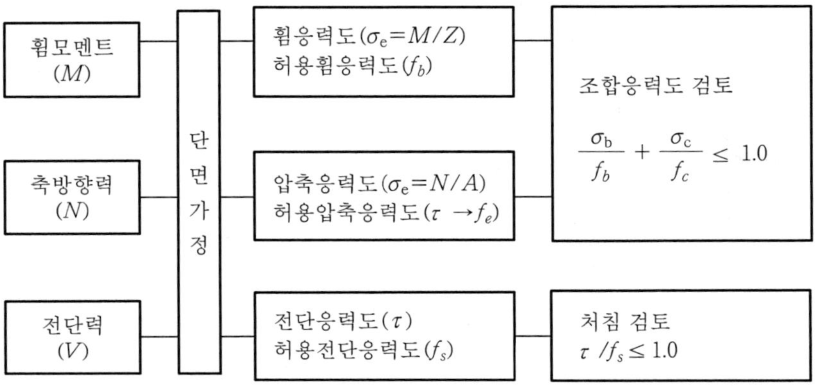

그림 9-1 기둥단면 산정 순서

• C_1(③/Ⓐ)

D.L+L.L인 하중조합이 불리하다.

$M_x = 7.64\,\text{tf·m}, \quad N = 4.84\,\text{tf}$

$l_{kx} = l_{ky} = 500\,\text{cm}$

TRY H−250×250×9×14 [1)]

$A = 92.18\,\text{cm}^2, \quad Z_x = 867\,\text{cm}^3$

$i_x = 10.8\,\text{cm}, \quad i_y = 6.29\,\text{cm}$

$$\lambda_x = \frac{l_{kx}}{i_x} = \frac{500}{10.8} = 46.3 \rightarrow f_e = 1.4\,\text{tf/cm}^2$$

$$\lambda_y = \frac{l_{ky}}{i_y} = \frac{500}{6.92} = 79.4 \rightarrow f_c = 1.1\,\text{tf/cm}^2$$

$$f_b = \frac{900\,A_f}{l_b \cdot h} = \frac{900 \times 20 \times 1.4}{500 \times 25} = 2.0\,\text{t/cm}^2 \rightarrow 1.6\,\text{tf/cm}^2$$

1) 기둥의 전단응력도는 아주 작아 고층인 경우 풍압력에 의하여 전단력이 큰 경우를 제외하고는 검토할 필요가 없다.

$$\sigma_e = \frac{N}{A} = \frac{4.84}{92.18} = 0.05\,\mathrm{tf/cm^2}$$

$$\sigma_b = \frac{M}{Z} = \frac{764}{867} = 0.88\,\mathrm{tf/cm^2}$$

$$\therefore \frac{\sigma_b}{f_b} + \frac{\sigma_c}{f_c} = \frac{0.88}{1.6} + \frac{0.05}{1.1} = 0.6 < 1.0$$

∴ USE H−250×250×9×14

• C_3

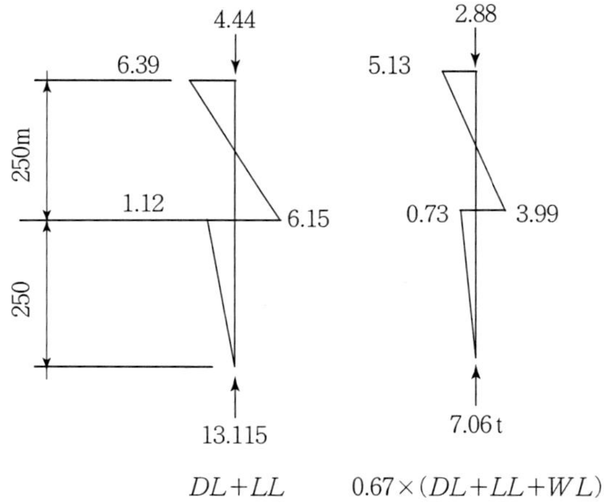

$D.L + L.L$인 하중조합이 불리하다.

$M_x = 6.39\,\mathrm{tf{\cdot}m}$, $N = 4.44\,\mathrm{tf}$

$l_{kx} = l_{ky} = 250\,\mathrm{cm}$

TRY H−200×200×8×12

$A = 63.5\,\mathrm{cm^2}$, $Z_x = 472\,\mathrm{cm^3}$

$i_x = 8.62\,\mathrm{cm}$, $i_y = 5.02\,\mathrm{cm}$

$$\lambda_y = \frac{250}{5.02} = 49.8 \rightarrow f_c = 1.38\,\mathrm{tf/cm^2}$$

$$f_b = \frac{900 \times 20 \times 1.2}{250 \times 20} = 4.3\,\mathrm{tf/cm^2} \rightarrow 1.6\,\mathrm{tf/cm^2}$$

$$\sigma_e = \frac{N}{A} = \frac{4.44}{63.5} = 0.07\,\mathrm{tf/cm^2}$$

$$\sigma_b = \frac{M}{Z} = \frac{639}{472} = 1.35\,\mathrm{tf/cm^2}$$

$$\therefore \frac{\sigma_b}{f_b} + \frac{\sigma_c}{f_c} = \frac{0.35}{1.6} + \frac{0.07}{1.38} = 0.89 < 1.0$$

∴ USE H−200×200×8×12

• $C_2(C_4)$

$M_x = 0$, $N = 13.11\,\mathrm{tf}(33.08\,\mathrm{tf})$

$l_{kx} = l_{ky} = 250\,\mathrm{cm}$

TRY H−200×200×8×12

$A = 63.5\,\mathrm{cm^2}$, $Z_x = 472\,\mathrm{cm^3}$

$i_x = 8.62\,\mathrm{cm}$, $i_y = 5.02\,\mathrm{cm}$

$$\lambda_y = \frac{250}{5.02} = 49.8 \rightarrow f_c = 1.38\,\mathrm{tf/cm^2}$$

$$\sigma_c = \frac{-13.11(33.08)}{63.5} = 0.21(0.52)\,\mathrm{tf/cm^2} < f_c$$

∴ USE H−200×200×8×12

6-7 기타 설계

6-7-1 중도리 및 띠장설계

(1) 중도리설계(purlin design)

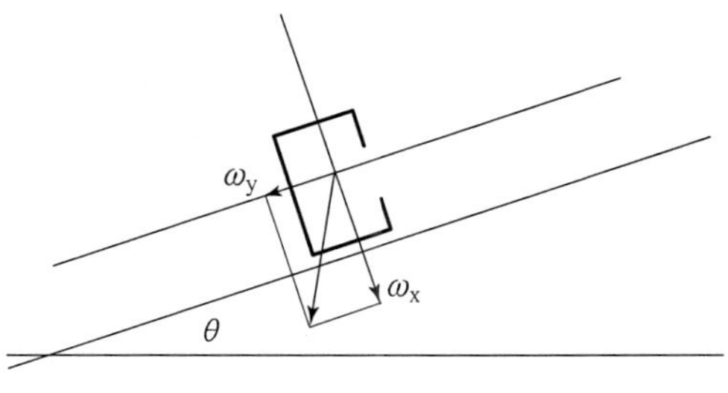

SPAN = 4.5m
$\theta = 11.3°$

PITCH @100 cm 수평면에 대해 @98 cm

$\omega_{D+L} = 25+60 = 85\,\text{kgf/m}^2$

$\omega_{D+W} = 25+(-60) = -35\,\text{kgf/m}^2$

∴ D.L+L.L인 경우가 불리하다.

$\omega_x = 85\times\cos\theta\times0.98 = 81.7\,\text{kgf/m}^2 \fallingdotseq 82\,\text{kgf/m}$

$\omega_y = 85\times\sin\theta\times0.95 = 16.4\,\text{kgf/m}^2 \fallingdotseq 16\,\text{kgf/m}$

$$M_x = \omega_x\times\frac{l^2}{8} = 0.082\times\frac{4.5^2}{8} = 0.21\,\text{tf·m}$$

$$M_y = \omega_y\times\frac{l^2}{8} = 0.016\times\frac{4.5^2}{8} = 0.04\,\text{tf·m}$$

TRY C−125×50×20×3.2

$Z_x = 29\,\text{cm}^3,\ Z_y = 8.02\,\text{cm}^3,\ I_x = 181\,\text{cm}^4,\ I_y = 26.6\,\text{cm}^4$

① 휨응력 검토

$$\frac{\sigma_x + \sigma_y}{f_b} = \frac{21/26.6 + 4/8.02}{1.4} = 0.87 < 1.0$$

② 처짐 검토(2연속보로 검토한다)

$$\delta_x = \frac{\omega l^2}{184EI} = \frac{82 \times 10^{-5} \times 4.5^4 \times 10^8}{184 \times 2,100 \times 181} = 0.5\,\text{cm}$$

$$\delta_y = \frac{16 \times 10^{-5} \times 4.5^4 \times 10^8}{184 \times 2,100 \times 26.6} = 0.64\,\text{cm}$$

$$\delta = \sqrt{\delta_x^2 + \delta_y^2} = \sqrt{0.5^2 + 0.64^2} = 0.81\,\text{cm} < \frac{450}{300} = 1.5\,\text{cm}$$

$\therefore$ UCS C$-125 \times 50 \times 20 \times 3.2$

(2) 띠장설계(girth design)

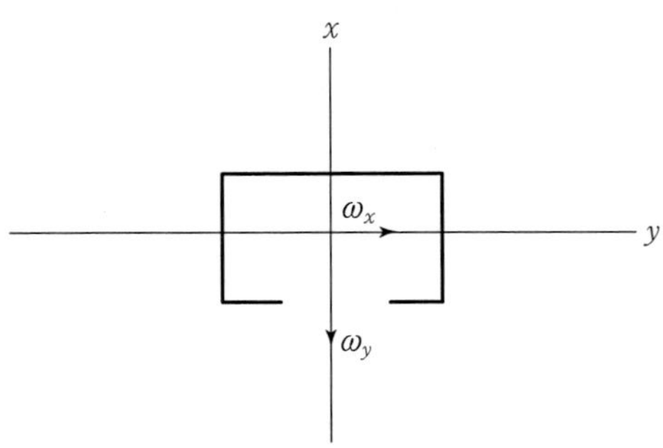

SPAN $l = 4.5\,\text{m}$

PITCH @100 cm

$\omega_x = 0.8 \times 60 \times 1\,\text{m} = 48\,\text{kg/m}$

$\omega_y = 22 \times 1\,\text{m} = 22\,\text{kg/m}$

$$M_x = \frac{\omega l^2}{8} = \frac{0.048 \times 4.5^2}{8} = 0.122\,\text{tf·m}$$

$$M_y = \frac{\omega l^2}{8} = \frac{0.022 \times 4.5^2}{8} = 0.056\,\text{tf·m}$$

TRY C−100×50×20×2.3

$Z_x = 16.1\,\text{cm}^3,\ \ Z_y = 6.06\,\text{cm}^3,\ \ I_x = 80.7\,\text{cm}^4$

① 휨응력 검토

$$\frac{\sigma_x + \sigma_y}{f_b} = \frac{12.2/16.1 + 5.6/6.06}{1.4 \times 1.5} = 0.8 < 1.0$$

② 처짐 검토(2연속보로 검토한다)

$$\delta = \frac{\omega l^4}{184EI} = \frac{48 \times 10^{-5} \times 4.5^4 \times 10^8}{185 \times 2{,}100 \times 80.7}$$

$$= 0.63\,\text{cm} < \frac{450}{300} = 1.5\,\text{cm}$$

∴ UCS C−100×50×20×2.3

6-7-2 가새 설계(Brace Design)

(1) 수직가새(Vertical Brace)

• Ⓐ, ⓒ Line

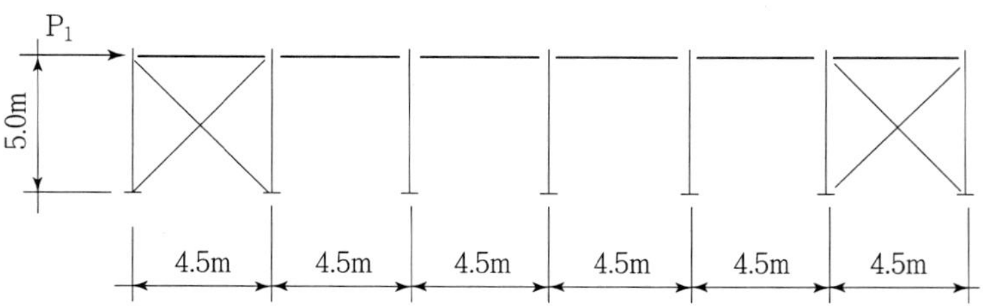

그림 10-1 Brace의 배치

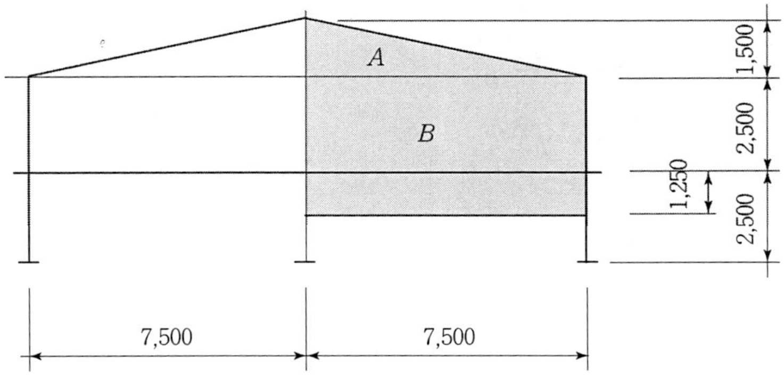

그림 10-2 풍하중시 수압면적분포도

수평력 P값을 구하기 위해 그림 10-2의 풍하중시 수압면적분포도를 참고하면 A부분은 수평가새가 부담하고, B부분은 수직가새가 분담한다. (①~⑦ Line의 보 배치에 의해 수압면적분포도가 달라진다.)

① 수평력 계산

• 풍하중 부담면적(그림 10-2)

$$A = 7.5 \times \frac{1.5}{2} = 5.63\,\mathrm{m}^2$$

$$B = 7.5 \times 3.75 = 28.13\,\mathrm{m}^2$$

• 수 평 력

수직가새 $P_1 = cqA = 0.8 \times 0.06 \times 28.13 = 1.35\,\mathrm{tf}$

수평가새 $P_2 = cqA = 0.8 \times 0.06 \times 5.63 = 0.27\,\mathrm{tf}$

② BRACE 1개소당 풍하중 $\dfrac{1.35}{2} = 0.68\,\mathrm{tf}$

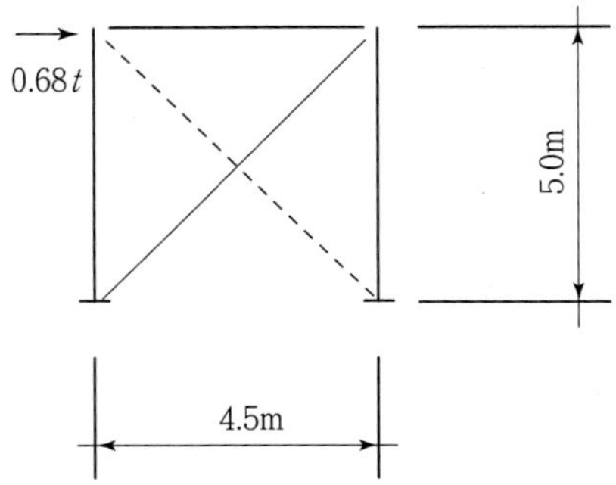

$$N = P \times \frac{\sqrt{h^2 + l^2}}{l} \overset{1)}{=} 0.68 \times \frac{\sqrt{5^2 + 4.5^2}}{4.5} = 1.02\,\text{tf}$$

TRY 1−16ϕ

$A = 2.01\,\text{cm}^2$

$$\sigma_x = \frac{N}{A} = \frac{1.02}{2.01} = 0.51\,\text{tf/cm}^2 < f_t = 1.6 \times 1.5$$

$$= 2.4\,\text{tf/cm}^2$$

∴ USE 16ϕ ROD G PL−6

(풍하중의 수평력이 작아서 원형강을 사용했지만 보통 ㄱ형강을 수직가새로 많이 사용한다.)

(2) 수평가새(horizontal brace)

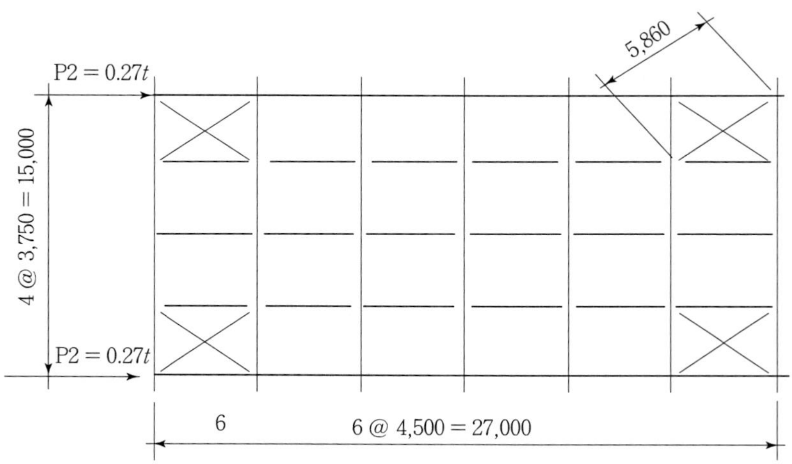

그림 10-3 brace의 배치

$$\text{수평력 } N = P \times \frac{\sqrt{h^2 + l^2}}{l} = P \times \frac{1}{\cos\theta}$$

$$\left(\frac{0.27}{2}\right) \times \frac{5.86}{4.5} = 0.18\,\text{tf}$$

1) "구조 매뉴얼", p. 210, 대우출판사

TRY $1\text{-}\phi 16$

$$A = 2.01\,\text{cm}^2$$

$$\sigma_t = \frac{N}{A} = \frac{0.18}{2.01} = 0.09\,\text{tf/cm}^2 < f_t = 2.4\,\text{tf/cm}^2$$

∴ USE $1\text{-}\phi 16$

$$A = 2.01\,\text{cm}^2$$

$$\sigma_x = \frac{N}{A} = \frac{0.18}{2.01} = 0.9\,\text{tf/cm}^2 < f_t = 2.4\,\text{tf/cm}^2$$

∴ USE 16ϕ ROD G PL−6

6-8 기초 설계

• F_1

$N = 4.84\,\text{tf}$ $H = 0.53\,\text{tf}$

$M = 1.53 \times 1.8 = 2.75\,\text{tf·m}$

FDN. WT

PED $2.4 \times 0.4^2 \times 1.2\,\text{m} = 0.46\,\text{tf}$

SOIL $2.4 \times 0.4^2 \times 1.2\,\text{m} = 4.41\,\text{tf}$

FDN $2.4 \times 0.4^2 \times 1.2\,\text{m} = 4.15\,\text{tf}$

$\Sigma\, 9.02\,\text{tf}$

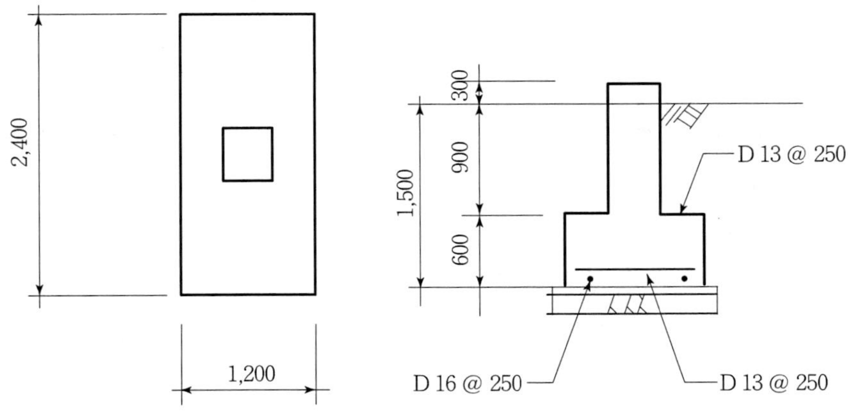

$N' = 4.84 + 9.02 = 13.86\,\text{tf}$

Soil Bearing Check

$$g_1 = \frac{N}{A} \pm \frac{M}{Z} = \frac{13.86}{1.2 \times 2.4} \pm \frac{2.75}{1.2 \times 2.4^2/6} = 4.81 \pm 2.39$$

$$= 7.2,\ \ 2.42\,\text{tf/m} < f_t = 20\,\text{tf·m}$$

$$M_{\perp} = 4.07 \times \frac{1^2}{2} = 2.04\,\text{tf·m}$$

$$M_{\top} = 0.71 \times \frac{1^2}{2} = 0.36\,\text{tf·m}$$

$$M_{t\text{BOT}} = \frac{204}{2 \times 0.875 \times 52} = 2.24\,\text{cm}^2 \rightarrow \text{D16@880}$$

$$\rightarrow \text{D16@250}$$

$$A_{t\text{BOT}} = \frac{36}{2 \times 0.875 \times 52} = 0.4\,\text{cm}^2 \rightarrow \text{D13@250}$$

$$A_{t\min} = 0.002 \times 100 \times 60 = 12\,\text{cm}^2 \rightarrow \text{D13@250}$$

7

접합 상세도
Connection Detail

1. 실무도면 접합상세도(3장 참조)

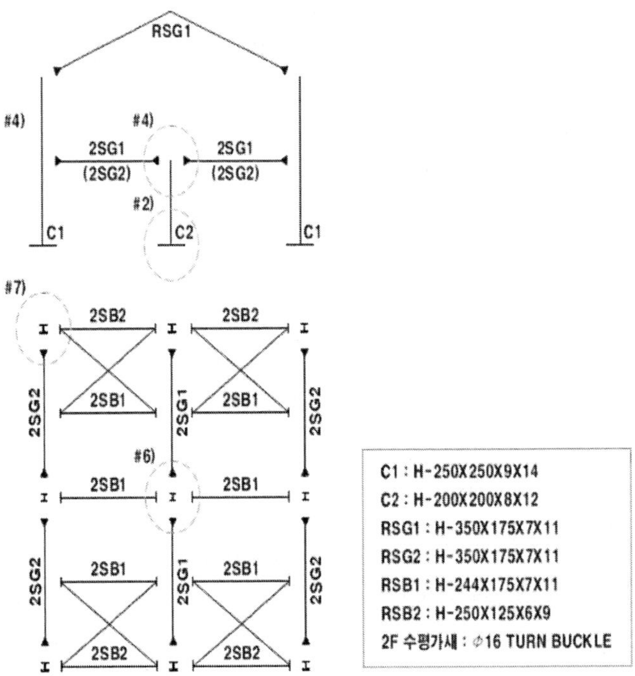

2층 구조평면도
⑤-⑦ LINE

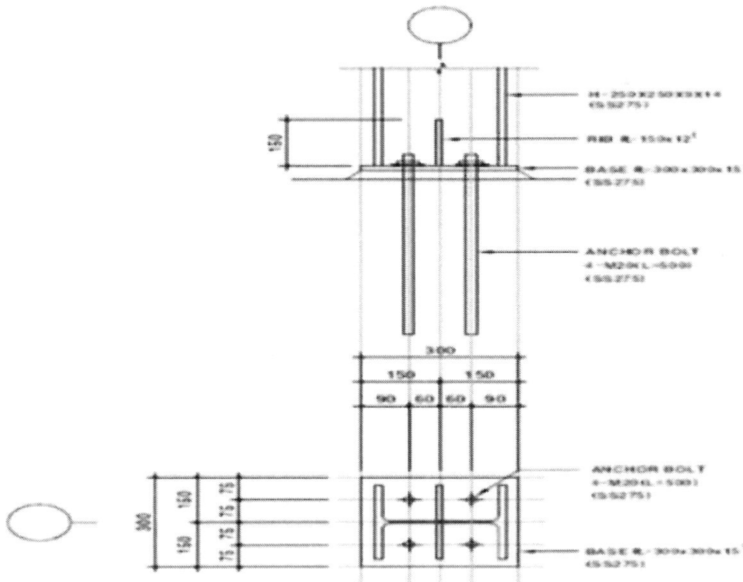

BASE PLATE DETAIL(SC1)

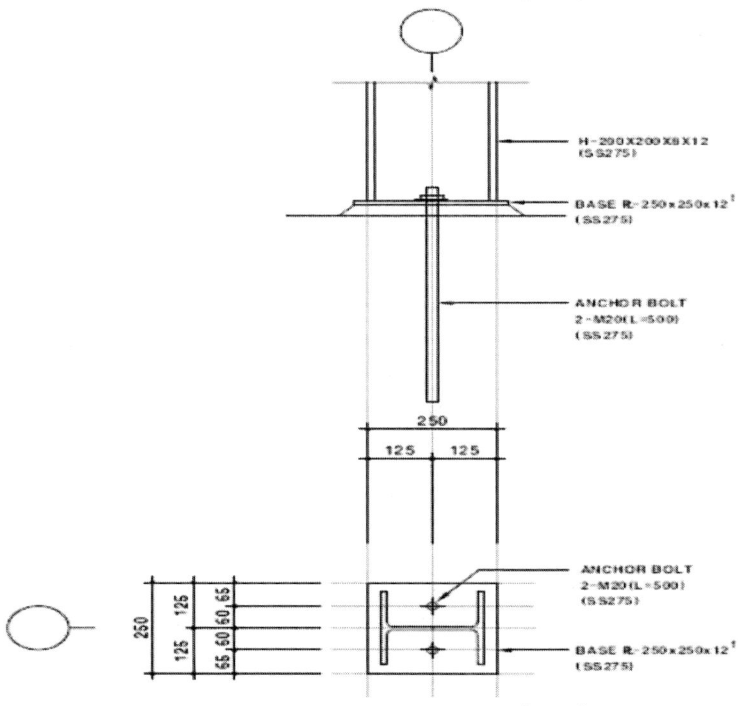

BASE PLATE DETAIL(SC2)

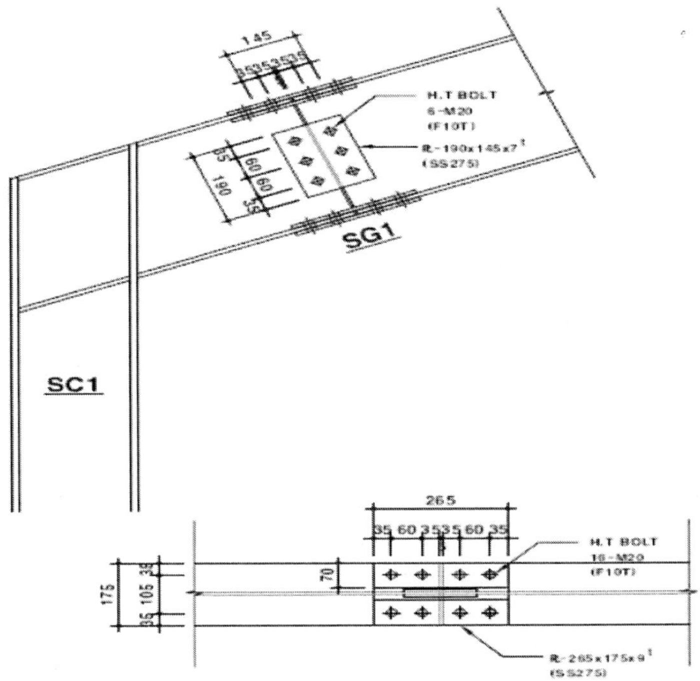

기둥&보 접합상세도(강접합#1)

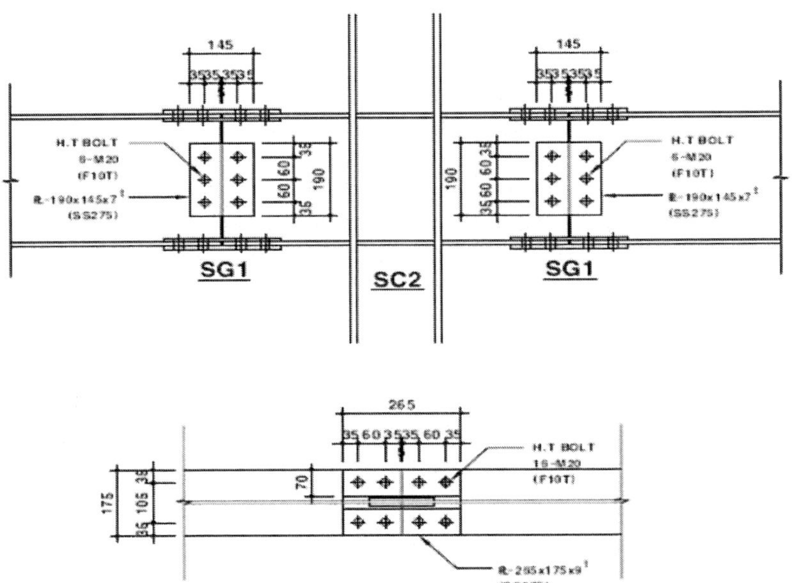

기둥&보 접합상세도(강접합#2)

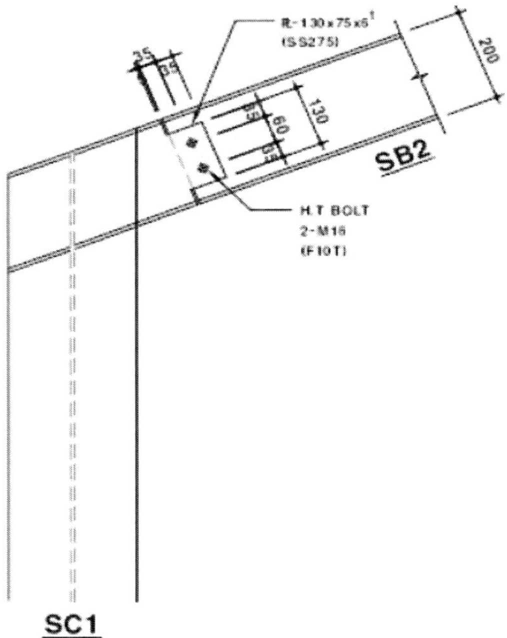

기둥&보 접합상세도(핀접합#1)

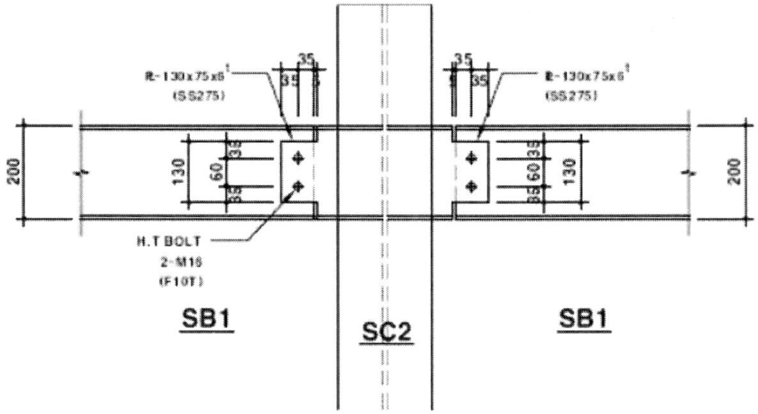

기둥&보 접합상세도(핀접합#2)

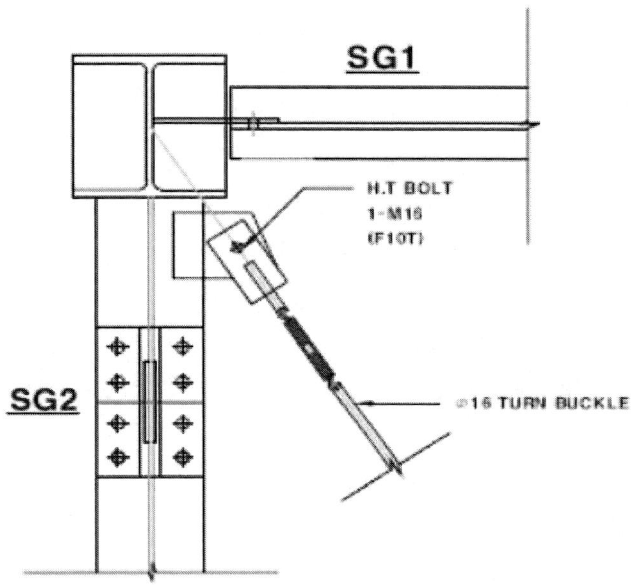

수평가새 접합상세도

참 고 문 헌

1. 강구조학회, “강구조 설계”, 구미서관, 2021
1. 대한건축학회, “강구조 계산규준 및 해설”, 대한건축학회, 1983
2. 김근덕 외 4명 공저, 2000, 철골구조, 중앙대 출판국
3. 정재철, 이리형, 1978, 강구조설계, 기문당
4. 정재철, 이리형, 1978, 구조매뉴얼, 대우출판사
5. 대한건축학회, 1997, 구조계획, 기문당
6. 현대건설해외건축사업본부, “설계 실무지침 구조계산서 지정지침”, 현대건설, 1985
7. 김상식 외 1명 공저, 강구조 설계, 문운당, 2018
8. 대한건축학회, “철골구조”, 기문당, 2002
9. 심종식 역, “강구조 설계”, 문운당, 2003
10. 김덕재 외 1명 공저, “강구조”, 기문당, 2002
11. 대한건축학회, “강구조 한계상태 설계기준 및 해설”, 기문당, 1998
12. 윤명호, “철골구조 설계”, 기문당, 2003
13. 김영수 외 3명 공저, “철근콘크리트구조계산”, 건기원, 2001
14. 김영수, “강구조 실습매뉴얼”, 경복대학교, 2020

부 록

부록 A. 체적, 중량, 길이, 면적, 단위환산표

체 적

체 적	立方體 cm^3	立方米 m^3	리 터	갈론(美) (US)gal	立方 인치 in^3	立方피드 ft^3	立方야드 yd^3	갈론(英) (Imp)gal
cm^3	1	0.000001	0.001	0.00026	0.06102	0.00004	……	0.00022
m^3	1000000	1	1000	264.171	61023.7	35.3147	1.30795	219.970
l	1000	0.001	1	0.26417	61.0237	0.03532	0.00131	0.21997
(US)gal	3785.43	0.00379	3.78543	1	231.001	0.13368	0.00495	0.83270
in^3	16.3871	0.00002	0.01639	0.00433	1	0.00058	0.00002	0.00361
ft^3	28316.9	0.02832	28.3169	7.48050	1728	1	0.03704	6.22883
yd^3	764556	0.76456	764.556	201.973	46656	27	1	168.179
(Imp)gal	4545.96	0.00455	4.54596	1.20091	277.42	0.16054	0.00595	1
(水)石	278265	0.2783	278.265	73.5094	16980.8	9.8268	0.3640	61.2112
尺^3	27826.5	0.02783	27.8265	7.35094	1698.08	0.98268	0.03640	6.12112
立 坪	……	6.01052	6010.52	1587.81	366784	212.259	7.86154	1322.16
bdft	2359.74	0.00236	2.35974	0.623375	144	0.083333	0.003086	0.51907
升	1803.91	0.00180	1.80391	0.47654	110.081	0.06370	0.00236	0.39681
斗	18039.1	0.01804	18.0391	4.76540	1100.81	0.63704	0.02359	3.96814
石	180391	0.18039	130.391	47.6540	11008.1	6.37044	0.23594	39.6814

1(英)gal = 4.54596 l = 約 277.42 in^3 = 1.2009416 美(gal)　　1(美)gal = 3.7854323 = 231 in^3
1(美)barrel = 42 (美)gal = 159 l

중 량

질 량	캐럿 carat	瓦毛 mg	瓦 g	瓦毛 kg	順 ton	그레인 grain	온스 oz	파운드 lb
carat	1	200	0.2	0.0002	……	3.08642	0.00705	0.00044
mg	0.005	1	0.001	……	……	0.01543	0.00004	……
g	5	1000	1	0.001	……	15.4321	0.03527	0.00220
kg	5000	……	1000	1	0.001	15432.1	35.2734	2.20459
ton	……	……	……	1000	1	……	35273.4	2204.59
grain	0.32425	64.8	0.0648	0.00007	……	1	0.00229	0.00014
oz	141.750	28350	28.35	0.02835	0.00003	437.5	1	0.0625
lb	2268	453600	453.6	0.4536	0.00045	7000	16	1
kip	……	……	453600	453.6	0.4536	……	16000	1000
(英)ton	……	……	……	1016.06	1.01606	……	35840	2240
(美)ton	……	……	……	907.2	0.9072	……	32000	2000
分	1.875	375	0.375	0.00038	……	5.78704	0.01323	0.00083
匁	18.75	3750	3.75	0.00375	……	57.8704	0.13228	0.00827
貫	18750	……	3750	3.75	0.00375	57870.4	132.275	8.26720
斤	3000	600000	600		0.0006	9259.26	21.1640	1.32275

石(石材)	立方尺 尺^3	立　坪 立坪	보드피트 bdft	升	斗	石
0.000004	0.00004	……	0.000042	0.00055	0.00006	0.00001
3.5937	35.9370	0.16638	423.776	554.352	55.4352	5.54352
0.00359	0.03594	0.00017	0.423776	0.55435	0.05544	0.00554
0.013604	0.13604	0.00063	1.60416	2.09847	0.20985	0.02099
0.00006	0.00059	……	0.006960	0.00908	0.00091	0.00009
0.10176	1.01762	0.00471	12	15.6975	1.56975	0.15698
2.74758	27.4758	0.12720	324	423.835	42.3835	4.23835
1.6337	0.16337	0.00076	1.92648	2.52014	0.25201	0.02520
1	10	0.0463	117.9216	154.257	15.4257	1.54257
0.1	1	0.00463	11.79216	15.4275	1.54257	0.15426
21.6	216	1	2547.108	3331.95	338.195	33.3195
0.0084801	0.0848016	0.0003925	1	1.308125	0.1308125	0.013081
0.0064827	0.06483	0.00030	0.7644	1	0.1	0.01
0.0648270	0.64827	0.00300	7.64445	10	1	0.1
0.648270	6.48270	0.03001	76.4445	100	10	1

1 register ton = 100 ft^3 1(美)船積톤 = 40 ft^3 1(英)船積톤 = 42 ft^3 1(英)barrel = 35 (英)gal = 159 l
1(美)온스 = 1/128 (美)gal, (英)온스 = 1/160 (英)gal

키　프 kip	(英)톤 (imp)ton	(美)톤 (U.S)ton	分	匁	貫	斤
……	……	……	0.53333	0.05333	0.00005	0.00033
……	……	……	0.00267	0.00027	……	……
……	……	……	2.66667	0.26667	0.00027	0.00167
0.002204	0.00098	0.00110	2666.67	266.667	0.26667	1.66667
2.20459	0.98419	1.10229	……	266667	266.667	1666.67
……	……	……	0.17280	0.01728	0.00002	0.00011
0.000062	0.00003	0.00003	75.6000	7.56000	0.00756	0.04725
0.001	0.00045	0.00050	1209.63	120.963	0.12096	0.75600
1	0.45	0.5	……	120963	120.963	756.00
2.24	1	1.12	……	270950	270.950	1693.44
2.0	0.89286	1	……	241920	241.920	1512.00
……	……	……	1	0.1	0.0001	0.00063
0.000008	……	……	10	1	0.001	0.00625
0.00826	0.00369	0.00413	10000	1000	1	6.25
0.001322	0.00059	0.00066	1600	160	0.16	1

길 이

길 이	粍 mm	糎 cm	米 m	粁 km	인 치 in	피 드 ft	야 드 yd	체 인 chain
mm	1	0.1	0.001	……	0.03937	0.00328	0.00109	0.00005
cm	10	1	0.01	0.00001	0.39370	0.03281	0.01094	0.00050
m	1000	100	1	0.001	39.3701	3.28084	1.09361	0.04971
km	……	100000	1000	1	39370.1	3280.84	1093.61	49.7097
in	25.4	2.54	0.0254	0.00003	1	0.08333	0.02778	0.00126
ft	304.8	30.48	0.3048	0.00030	12	1	0.33333	0.01515
yd	914.4	91.44	0.9144	0.00091	36	3	1	0.04545
chain	20116.8	2011.68	20.1168	0.02012	792	66	22	1
mile	……	160934	1609.34	1.60934	63360	5280	1760	80
分	3.03030	0.30303	0.00303	……	0.11930	0.00994	0.00331	0.00015
寸	30.3030	3.03030	0.03030	0.00003	1.19303	0.09942	0.03314	0.00151
尺	303.030	30.3030	0.30303	0.00030	11.9303	0.99419	0.33140	0.01505
間	1818.18	181.818	1.81818	0.00182	71.5820	5.96516	1.98839	0.09038
町	109091	10909.1	109.091	0.10909	4294.92	357.910	119.303	5.42288
里	……	392727	3927.27	3.92727	……	12884.8	4294.92	195.224

1(英)yd = 0.914399 m　　1 m = 1.093614 (英)yd　　1(英)인치 = 2.53995 cm

1(美)yd = 0.914418 m　　1 m = 1.0935111 (美)yd　　1(美)인치 = 2.54005 cm

면 적

	平方糎 cm^2	平方米 m^2	平方粁 km^2	알 a	平方인치 (in^2)	平方피드 ft^2	平方야드 yd^3	平方마일 $mile^2$
cm^2	1	0.0001	……	……	0.15500	0.00108	0.00012	……
m^2	10000	1	……	0.01	1550.00	10.7639	1.19599	……
km^2	……	……	1	10000	……	……	……	0.38610
a	……	100	0.0001	1	155000	1076.39	119.599	0.00004
in^2	6.4516	0.00065	……	……	1	0.00694	0.00077	……
ft^2	929.030	0.09290	……	0.00093	144	1	0.11111	……
yd^2	8361.27	0.83613	……	0.00836	1296	9	1	……
$mile^2$	……	……	2.58999	25899.9	……	……	……	1
acre	……	4046.85	0.00405	40.4685	……	43560	4840	0.00156
尺^2	918.274	0.09183	……	0.00092	142.333	0.98842	0.10983	……
坪	33057.9	3.30579	……	0.03306	5123.98	35.5832	3.95372	……
畝	991735	99.1735	0.00010	0.99174	153719	1067.50	118.612	……
段	……	991.735	0.00099	9.91735	……	10675.0	1186.12	0.00038
町	……	9917.35	0.00992	99.1735	……	106750	11861.2	0.00383
里^2	……	……	15.4235	154235	……	……	……	5.95504

부록 B. SPECIFICATION

	00 PLANT, 000N	

00 PLANT
000 / KOREA

DESIGN CRITERIA FOR BUILDING

(DOC. NO. :)

Discipline	:	
SKEC Job. No.	:	
Location	:	**000 / Korea**
Client	:	**Company Ltd.**

0	Feb. 18. 02	APPROVED FOR CONSTRUCTION				
A	Dec. 28. 01	ISSUED FOR REVIEW				
REV	DATE	DESCRIPTION	PRP'D	CHK'D	APP'D	PM

	00 PLANT, 00 DESIGN CRITERIA FOR BUILDING	

TABLE OF CONTENTS

	00 PLANT, 00 DESIGN CRITERIA FOR BUILDING	

1. Scope

The criteria as given hereunder defines design conditions and provides the standards & codes for the architectural & structural design and it also covers the design basis for 00 Plant, 000, Korea.

2. Site Condition

- Basic wind velocity : 40 m/sec at 10 meters height
- Seismic : seismic zone 2
- Underground Water level : G.L.-3.2 ~ -2.5 meter
- Design depth of snowfall : 300 mm
- Air temperature
  1) Minimum winter last 10 years : -15℃
  2) Maximum summer last 10 years : 40℃
- Rainfall
  1) Design Hourly Rainfall : 52 mm/hr ,
  2) Design Daily Rainfall : 300 mm/day

3. Standards & Codes

3.1 Building & Structure

- AISC : Design, Fabrication and Erection of Steel Structure
- ACI 318 : Building Code Requirements for Structural Concrete, American Concrete Institute
- KS Code : Korean Regulations related to Structural Design
- ANSI/ASCE7-88 : Wind Load for Building & Seismic Load for Equipment, American Society of Civil Engineering
- UBC 1994 : Uniform Building Code for Seismic Load for Building Structure

3.2 Design Loads and Forces

The loading shall be applied in accordance with Attached Drawings, which ITB covers in the chapter "Description of Civil Work for Building" (Part II, Book A, Section 10 Rev.0).
But Korean Regulations of Structural Design, especially for minimum live load regulation, shall be applied where the loading is not specified. And it also covers the loading combination as well.

3.2.1 Dead Load

These Include :
- Weight of Structure
- Weight of Piping
- Weight of Fireproofing
- Etc.

	00 PLANT, 00 DESIGN CRITERIA FOR BUILDING	

3.2.2 Equipment Load

All reasonable cases shall be considered to apply equipment load for building design, in accordance with loading data from vendor print, which shall be prepared by mechanical engineering team.
These cases are Empty Load, Operating Load and Test Load.

3.2.3 Live Load

Live load considered in the design of structural elements shall be as tabulated herein.

1) Process no. 1 Building
- EL+0.2 meter floor
  - Concrete Floor : 1500 kg/m2
  - Transport Route with Fork-lifter : 1500 kg/m2
- EL+6.2, +12.2, +18.2, +24.2 meter floor
  - Concrete Floor : 1000 kg/m2
  - Grating Floor : 500 kg/m2
  - Transport Route with Fork-lifter : 1500 kg/m2
- EL+30.2 meter floor
  - Concrete Floor : 1000 kg/m2
- Roof : 100 kg/m2

Live load reduction can be considered in the calculations for columns and foundation to 75% as per kick off ITB.

2) Utility Building
- Roof : 200 kg/m2
- Dike for Cooling Tower of utility : 1200 kg/m2

3) Process no. 2 Building
- 4th platform : 370 kg/m2
- Design Basis : The structure & foundation of Existing process no. 2 Building have a structural capacity to support the extended area based on modification works.

3.2.4 Snow Load : 60 kg/m2

3.2.5 Wind Load

The following wind pressures shall be used according to ANSI/ASCE 7-88

$$q_{z(h)} = 0.613k_z(IV)^2(N/m^2)$$

Where :

q : Velocity Pressure
- qz : Velocity Pressure evaluated at height z above ground
- qh : Velocity Pressure evaluated at height z =h

kz : Velocity pressure exposure coefficient evaluated at height z
I : Important factor (1.0)
V : Basic wind speed (40 m/s (C))

	00 PLANT, 00 DESIGN CRITERIA FOR BUILDING	

The design wind pressure is given by the formulas :

1) For Main Wind force resisting systems

$$P = qG_hC_p - q_h(GC_{pi})$$

2) For Components and Cladding

$$P = q(GC_p - GC_{pi})$$

Where :

P : Design pressure to be used in determination of wind loads for building.
Gh : Gust response factor for main wind force resisting systems evaluated at height z =h
Cp : External pressure coefficient to be used in determination of wind loads for buildings
GCpi : Product of external pressure coefficient and gust response factor to be used in determination of wind loads for buildings
GCp : Product of external pressure coefficient and gust response factor to be used in determination of wind loads for buildings

3.2.6 Earthquake Load

Design of structures under effect of earthquake loads shall be done in accordance with UBC 1994. And ANSI/ASCE 7 –88 shall be applied to the design of equipment foundation.

1) For Buildings

$$V = \frac{ZIC}{R_w}W$$

Where,

V : Total Base Shear
W : Total Weight of structure.
Z : Seismic Zone Factor (Z = 0.12)
I : Important factor (I = 1.0)
C : Numerical coefficient
Rw : Numerical coefficient

The value of C is calculated by,

$$C = \frac{1.25S}{T^{2/3}} < 2.75$$

Where,

S : Site Coefficient for soil characteristics (S3 = 1.5)
T : Fundamental period of vibration, in seconds, of the structure in the direction under consideration

For all buildings, the value T may be approximated from the following formula

$$T = C_t(h_N)^{3/4}$$

Where,

	00 PLANT, 00 DESIGN CRITERIA FOR BUILDING	

Ct : Numerical coefficient
- Concrete Moment resisting frames : 0.0731
- Steel Moment resisting frames : 0.0853

hn : Height in meter above the base to level n

2) For Equipment

$$V = ZIKCSW$$

Where,

V : Total Base Shear
Z : Numerical coefficient, dependent upon the zone (Z2 = 0.375)
I : Important factor (I = 1.0)
K : Numerical coefficient (K = 1.0)
C : Numerical coefficient
S : Soil factor (S2 = 1.2)

The value of C shall be determined in accordance with the formula :

$$C = \frac{1}{15\sqrt{T}} < 0.12$$

Where,

T : Fundamental elastic period of vibration, in seconds, of the structure in the direction under consideration

3.2.7 Impact Load

The following increase shall be applied to the loads to be lifted by monorails and travelling cranes in order to take into account the effects due to impacts.

- Vertical impact 25% of the maximum lifted load
- Lateral force 20% of lifted load plus weight of trolley applied at the top and normal to the crane rails. This force shall be assumed to act one half on each rail. (travelling cranes only)
- Longitudinal force 10% of the maximum wheel load applied at the top of the crane rails.

3.2.8 Vibration Load

- For compressors, the ratio between the weight of foundation and the weight of the machine shall not be less than 3 : 1.

3.2.9 Blast Load

- Blast Loads for building and building components with increased safety requirement due to pressure wave is not required.

3.2.10 Load Combination

- Load combination shall be applied in accordance with Korean Standard.

	00 PLANT, 00 DESIGN CRITERIA FOR BUILDING	

3.3 Soil Condition

1) Allowable soil bearing capacity : Refer to Soil Investigation Report

2) Allowable bearing capacity of pile
- Process no.1 Building : (107 ton / EA , PHC Dia 500, L = 27 meter)
- Utility Building : (69 ton / EA , PHC Dia 400, L = 27 meter)
- 0000 warehouse, Main Station : Not Applicable
- Process no. 2 Building : Based on the existing foundation have a capacity to support the extended area for modification, Not Considered the reinforcement work of existing foundation.

3) Allowable horizontal capacity of pile
- Process no. 1 Building : (20 ton / EA)
- Utility Building : (15 ton / EA)

3.4 Major Material of Structure

The major material of structure shall be designed as followed

1) Concrete ;
- f'c = 240 kg/cm2 (For Structure)
- f'c = 135 kg/cm2 (For Lean Concrete)

2) Reinforcement ;
- fy = 4000 kg/cm2 : KSD 3504, SD 40

3) Structural Steel ;
- Fy = 2400 kg/cm2 : KSD 3503, SS400

4) Connection Bolt
- Anchor Bolts : KSB 1016
- High Strength Bolts : KSB 1010, F10T
- Common Bolts : KSB 1002, 1012

5) Grout (low-shrinkage material)
- Min. Thickness : 30 mm

6) Metal deck plate w/ prefabricated reinforced bar
- Reinforcement : fy=5000 kg/cm2 : KSD 7017, KSD 3552
- Galvanized deck plate 0.5t : KS-SGC570

3.5 General Design Requirement

3.5.1 Restriction of deflection /Horizontal displacement

1) Deflection Limitation : The deformations based on static calculation shall be assessed with regard to the capability of the overall system to fulfill its use and perform its function . It shall be demonstrated, that deflection does not exceed the following values (L = span) ;

	00 PLANT, 00 DESIGN CRITERIA FOR BUILDING	

- Platform girder : f < L/300
- Pipe bridge longitudinal girder : f < L/150
- Cantilever girder : f < L/500
- Crane way girder : f < L/800
- Crab girder : f < L/500 or tangent inclination < 0.3 %

2) Horizontal displacement Limitation

- Process no. 1 Building : f < H/400
- The other Buildings : f < H/200

(Here, H = height of Structure)

3.5.2 Fireproofing

1) Process no. 1 Building : Fire-proofing paint HITEM (NFC-123) (120 minute)
2) Other Buildings : Not Applicable

3.5.3 Surface Preparation / Corrosion Protection for Structural Steel

1) Surface Preparation : A minimum of SA 2 1/2, according to ISO 8501, Part 1

2) Corrosion Protection

- Coating :

(1) Component Epoxy Resin	- Zincpouderprimer	: 70 μm
(2) Component Epoxy Resin	- micaceous iron ore intermediate coating	: 150 μm
(3) Component Polyurethane	- Top Coating	: 50 μm
	Total	: 270 μm

3.6 Applicable Software for Building Design

1) Drafting : AutoCad 2000
2) Structural Analysis & Design : STAAD/PRO, SAFE
3) 3D Model : PDS

3.7 Building List

This design criteria shall be applied for design of building in building list enclosed as an Attachment 1.

3.8 Finish Schedule of Building

Finish schedule of building is enclosed as an Attachment 2.

부록 C. 부재일람표

부록 C-1 평 강

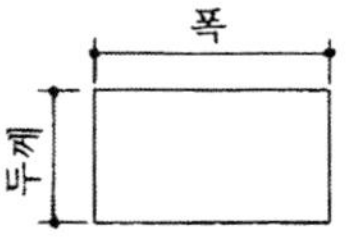

標準斷面 치수 두께 (mm)	標準斷面 치수 幅 (mm)	斷面積 (cm²)	單位重量 (kg/m)	標準斷面 치수 두께 (mm)	標準斷面 치수 幅 (mm)	斷面積 (cm²)	單位重量 (kg/m)	標準斷面 치수 두께 (mm)	標準斷面 치수 幅 (mm)	斷面積 (cm²)	單位重量 (kg/m)	標準斷面 치수 두께 (mm)	標準斷面 치수 幅 (mm)	斷面積 (cm²)	單位重量 (kg/m)
4.5	25	1.125	0.88	9	180	16.20	12.7	16	300	48.00	37.7	25	180	45.00	35.3
4.5	32	1.440	1.13	9	200	18.00	14.1	19	38	7.220	5.67	25	200	50.00	39.2
4.5	38	1.710	1.34	9	230	20.70	16.2	19	44	8.360	6.56	25	230	57.50	45.1
4.5	44	1.980	1.55	9	250	22.50	17.7	19	50	9.500	7.46	25	250	62.50	49.1
4.5	50	2.250	1.77	12	25	3.000	2.36	19	65	12.35	9.69	25	280	70.00	55.0
6	25	1.500	1.18	12	32	3.840	3.01	19	75	14.25	11.2	25	300	75.00	58.9
6	32	1.920	1.51	12	38	4.560	3.58	19	90	17.10	13.4	28	100	28.00	22.0
6	38	2.280	1.79	12	44	5.280	4.14	19	100	19.00	14.9	28	125	35.00	27.5
6	44	2.640	2.07	12	50	6.000	4.71	19	125	23.75	18.6	28	150	42.00	33.0
6	50	3.000	2.36	12	65	7.800	6.12	19	150	28.50	22.4	28	180	50.40	39.6
6	65	3.900	3.06	12	75	9.000	7.06	19	180	34.20	26.8	28	200	56.00	44.0
6	75	4.500	3.53	12	90	10.80	8.48	19	200	38.00	29.8	28	230	64.40	50.6
6	90	5.400	4.24	12	100	12.00	9.42	19	230	43.70	34.3	28	250	70.00	55.0
6	100	6.000	4.71	12	125	15.00	11.8	19	250	47.50	37.3	28	280	78.40	61.5
6	125	7.500	5.89	12	150	18.00	14.1	19	280	53.20	41.8	28	300	84.00	65.9
8	25	2.000	1.57	12	180	21.60	17.0	19	300	57.00	44.7	32	100	32.00	25.1
8	32	2.560	2.01	12	200	24.00	18.8	22	50	11.00	8.64	32	125	40.00	31.4
8	38	3.040	2.39	12	230	27.60	21.7	22	65	14.30	11.2	32	150	48.00	37.7
8	44	3.520	2.76	12	250	30.00	23.6	22	75	16.50	13.0	32	180	57.60	45.2
8	50	4.000	3.14	12	280	33.60	26.4	22	90	19.80	15.5	32	200	64.00	50.2
8	65	5.200	4.08	12	300	36.00	28.3	22	100	22.00	17.3	32	230	73.60	57.8
8	75	6.000	4.71	16	32	5.120	4.02	22	125	27.50	21.6	32	250	80.00	62.8
8	90	7.200	5.65	16	38	6.080	4.77	22	150	33.00	25.9	32	280	89.60	70.3
8	100	8.000	6.28	16	44	7.040	5.53	22	180	39.60	31.1	32	300	96.00	75.4
8	125	10.00	7.85	16	50	8.000	6.28	22	200	44.00	34.5	36	100	36.00	28.3
9	25	2.250	1.77	16	65	10.40	8.16	22	230	50.60	39.7	36	125	45.00	35.3
9	32	2.880	2.26	16	75	12.00	9.42	22	250	55.00	43.2	36	150	54.00	42.4
9	38	3.420	2.68	16	90	14.40	11.3	22	280	61.60	48.4	36	180	64.80	50.9
9	44	3.960	3.11	16	100	16.00	12.6	22	300	66.00	51.8	36	200	72.00	56.5
9	50	4.500	3.53	16	125	20.00	15.7	25	50	12.50	9.81	36	230	82.80	65.0
9	65	5.850	4.59	16	150	24.00	18.8	25	65	16.25	12.8	36	250	90.00	70.6
9	75	6.750	5.30	16	180	28.80	22.6	25	75	18.75	14.7	36	280	100.8	79.1
9	90	8.100	6.36	16	200	32.00	25.1	25	90	22.50	17.7	36	300	108.0	84.8
9	100	9.000	7.06	16	230	36.80	28.9	25	100	25.00	19.6				
9	125	11.25	8.83	16	250	40.00	31.4	25	125	31.25	24.5				
9	150	13.50	10.6	16	280	44.80	35.2	25	150	37.50	29.4				

표준길이 3.5, 4.0, 4.5, 5.0, 5.5, 6.0, 6.5, 7.0, 8.0, 9.0, 10.0, 12.0, 13.0, 14.0, 15.00

부록 C-2 강 판

표 준 두 께 (mm)

1.2	1.4	1.6	1.8	2.0	2.3	2.5	(2.6)	2.8	(2.9)	3.2
3.6	4.0	4.5	5.0	5.6	6.0	6.3	7.0	8.0	9.0	10.0
11.0	12.0	12.7	13.0	14.0	15.0	16.0	(17.0)	18.0	(19.0)	20.0
22.0	25.0	25.4	28.0	(30.0)	32.0	36.0	38.0	40.0	45.0	50.0

비고 : 괄호이외의 표준두께의 적용이 좋다.

표 준 폭 (mm)

600	630	670	710	750	800	850	900	914
950	1,000	1,060	1,100	1,120	1,180	1,200	1,219	1,250
1,300	1,320	1,400	1,500	1,524	1,600	1,700	1,800	1,829
1,900	2,000	2,100	2,200	2,300	2,400	2,500	2,600	2,800
3,000								

표 준 길 이 (mm)

1,829	2,438	3,048	6,000	6,096	7,000	8,000	9,000	10,000
11,000	12,000	12,192	13,000	14,000	15,000			

단 위 중 량 표 (kg/m^2)

두께(mm) \ 두께(mm)	0	1	2	3	4	5	6	7	8	9
							47.10	54.95	62.80	70.65
10	78.50	86.35	94.20	102.0	109.9	117.8	125.6	133.4	141.3	149.2
20	157.0	164.8	172.7	180.6	189.4	196.2	204.1	212.0	219.8	227.6
30	235.5	243.4	251.2	259.0	266.9	274.8	282.6	290.4	298.3	306.2
40	314.0	321.8	329.7	337.6	345.4	353.2	361.1	369.0	376.8	384.6
50	392.5	400.4	408.2	416.0	423.9	431.8	439.6	447.4	455.3	463.2
60	471.0	478.8	486.7	494.6	502.4	510.2	518.1	526.0	533.8	541.6
70	549.5	557.4	565.2	573.0	580.9	588.8	596.6	604.4	612.3	620.2
80	628.0	635.8	643.7	651.6	659.4	667.2	675.1	683.0	690.8	698.6
90	706.5	714.4	722.2	730.0	737.9	745.8	753.6	761.4	769.3	777.2
100	785.0	792.9	800.7	808.5	816.4	824.3	832.1	839.9	847.8	855.7
110	863.5	871.4	879.2	887.0	894.9	902.8	910.6	918.4	926.3	934.2
120	942.0	949.9	957.7	965.5	973.4	981.3	989.1	996.9	1,005	1,013
130	1,021	1,028	1,036	1,044	1,052	1,060	1,068	1,075	1,083	1,091
140	1,099	1,107	1,115	1,123	1,130	1,138	1,146	1,154	1,162	1,170
150	1,178	1,185	1,193	1,201	1,209	1,217	1,225	1,232	1,240	1,248

부록 C-3 H 형강의 표준 단면 치수와 단면 성능

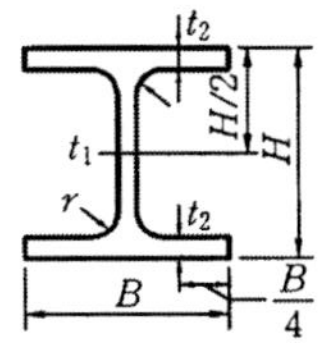

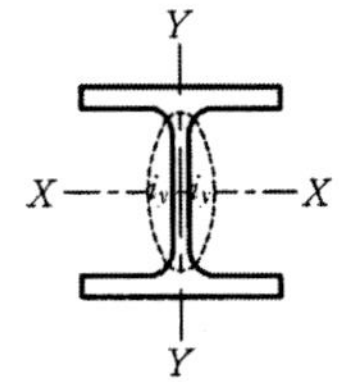

공칭치수	치수 [mm]				단면적 [cm²]	단위중량 [kgf/m]	단면2차모멘트 [cm⁴]		단면2차반경 [cm]		단면계수 [cm³]		휨응력에 대한 단면성능	
	$H \times B$	t_1	t_2	r			I_x	I_y	i_x	i_y	Z_x	Z_y	i_b [cm]	$i_b \cdot h/A_f$
100× 50	100× 50	4	6	7	9.940	7.80	163	12.6	4.05	1.13	32.6	5.04	1.31	4.38
100×100	100×100	6	8	10	21.90	17.2	383	134	4.18	2.47	76.5	26.7	2.73	3.42
100×100	100×100	5	7	8	18.85	14.8	339	117	4.24	2.49	67.8	23.4	2.74	3.92
125× 60	125× 60	4.5	6.5	8	13.39	10.5	343	23.6	5.06	1.33	54.9	7.86	1.56	5.01
125×125	125×125	5	7	8	23.60	18.5	683	228	5.38	3.11	109	36.5	3.43	3.81
125×125	125×125	6.5	9	10	30.31	23.8	847	293	5.29	3.11	136	47.0	3.43	3.81
150× 75	148× 75	5	7	8	17.85	14.0	666	49.5	6.11	1.66	88.8	13.2	1.96	5.60
150×100	148×100	6	9	11	26.84	21.1	1020	151	6.17	2.37	138	30.1	2.68	4.41
150×150	150×150	7	10	11	40.14	31.5	1640	563	6.39	3.75	219	75.1	4.12	4.12
175× 90	175× 90	5	8	9	23.04	18.1	1210	97.5	7.26	2.06	139	21.7	2.38	5.78
175×175	175×175	7.5	11	12	51.21	40.2	2880	984	7.50	4.38	330	112	4.81	4.37
200×100	200×100	5.5	8	11	27.16	21.3	1840	134	8.24	2.22	184	26.8	2.60	6.49

공칭치수	치 수 [mm]				단면적 [cm²]	단위중량 [kgf/m]	단면2차모멘트 [cm⁴]		단면2차반경 [cm]		단면계수 [cm³]		휨응력에 대한 단면성능	
	$H \times B$	t_1	t_2	r			I_x	I_y	i_x	i_y	Z_x	Z_y	i_b [cm]	$i_b \cdot h/A_f$
200×150	194×150	6	9	13	39.01	30.6	2690	507	8.30	3.61	277	67.6	4.03	5.79
200×200	200×200	8	12	13	63.53	49.9	4720	1600	8.62	5.02	472	160	5.50	4.59
	200×204	12	12	13	71.53	56.2	4980	1700	8.35	4.88	498	167	5.53	4.52
250×125	250×125	6	9	12	37.66	29.6	4050	294	10.4	2.79	324	47.0	3.26	7.24
250×175	244×175	7	11	16	56.24	44.1	6120	984	10.4	4.18	502	113	4.68	5.94
250×250	244×252	11	11	16	82.06	64.4	8790	2940	10.3	5.98	720	233	6.77	5.95
	250×250	9	14	16	92.18	72.4	10800	3650	10.8	6.29	867	292	6.87	4.91
	250×255	14	14	16	104.7	82.2	11500	3880	10.5	6.09	919	304	6.90	4.83
300×150	300×150	6.5	9	13	46.78	36.7	7210	508	12.4	3.29	481	67.7	3.87	8.61
300×200	294×200	8	12	18	72.38	56.8	11300	1600	12.5	4.71	771	160	5.32	6.51
300×300	294×302	12	12	18	107.7	84.5	16900	5520	12.5	7.16	1150	365	8.09	6.57
	300×300	10	15	18	119.8	94.0	20400	6750	13.1	7.51	1360	450	8.23	5.48
	300×305	15	15	18	134.8	106	21500	7100	12.6	7.26	1440	466	8.23	5.40
	304×301	11	17	18	134.8	106	23400	7730	13.2	7.57	1540	514	8.29	4.92
350×175	346×174	6	9	14	52.68	41.4	11100	792	14.5	3.88	641	91.0	4.51	9.97
	350×175	7	11	14	63.14	49.6	13600	984	14.7	3.95	775	112	4.58	8.33
350×175	338×351	13	13	20	135.3	106	28200	9380	14.4	8.33	1670	534	9.41	6.97
	344×348	10	16	20	146.0	115	33300	11200	15.1	8.78	1940	646	9.56	5.91
	344×354	16	16	20	166.6	131	35300	11800	14.6	8.43	2050	669	9.54	5.80

공칭치수	치 수 [mm]				단면적 [cm²]	단위중량 [kgf/m]	단면2차모멘트 [cm⁴]		단면2차반경 [cm]		단면계수 [cm³]		휨응력에 대한 단면성능	
	$H \times B$	t_1	t_2	r			I_x	I_y	i_x	i_y	Z_x	Z_y	i_b [cm]	$i_b \cdot h/A_f$
350×350	350×350	12	19	20	173.9	136	40300	13600	15.2	8.84	2300	776	9.65	5.08
	350×357	19	19	20	198.4	156	42800	14400	14.7	8.53	2450	809	9.68	4.99
	356×352	14	22	20	202.0	159	47600	16000	15.3	8.90	2670	909	9.74	4.48
400×200	396×199	7	11	16	72.16	56.6	20000	1450	16.7	4.48	1010	145	5.19	9.39
	400×200	8	13	16	84.12	66.0	23700	1740	16.8	4.54	1190	174	5.26	8.09
400×300	390×300	10	16	22	136.0	107	38700	7210	16.9	7.28	1980	481	8.10	6.58
400×400	388×402	15	15	22	178.5	140	49000	16300	16.6	9.54	2520	809	10.76	6.94
	394×398	11	18	22	186.8	147	56100	18900	17.3	10.1	2850	951	10.95	6.02
	394×405	18	18	22	214.4	168	59700	20000	16.7	9.65	3030	985	10.92	5.90
	400×400	13	21	22	218.7	172	66600	22400	17.5	10.1	3330	1120	11.03	5.25
	400×408	21	21	22	250.7	197	70900	23800	16.8	9.75	3540	1170	11.05	5.16
	414×405	18	28	22	295.4	232	92800	31000	17.7	10.2	4480	1530	11.23	4.10
	428×407	20	35	22	360.7	283	119000	39400	18.2	10.4	5570	1930	11.38	3.42
	458×417	30	50	22	528.6	415	187000	60500	18.8	10.7	8170	2900	11.76	2.58
	498×432	45	70	22	770.1	605	298000	94400	19.7	11.1	12000	4370	12.31	2.03
450×200	446×199	8	12	18	84.30	66.2	28700	1580	18.5	4.33	1290	159	5.11	9.54
	450×200	9	14	18	96.76	76.0	33500	1870	18.6	4.40	1490	187	5.18	8.32
450×300	440×300	11	18	24	157.4	124	56100	8110	18.9	7.18	2550	541	8.05	6.56
500×200	496×199	9	14	20	101.3	79.5	41900	1840	20.3	4.27	1690	185	5.08	9.04

공칭치수	치 수 [mm]				단면적 [cm²]	단위중량 [kgf/m]	단면2차모멘트 [cm⁴]		단면2차반경 [cm]		단면계수 [cm³]		휨응력에 대한 단면성능	
	$H \times B$	t_1	t_2	r			I_x	I_y	i_x	i_y	Z_x	Z_y	i_b[cm]	$i_b \cdot h/A_f$
500×200	500×200	10	16	20	114.2	89.7	47800	2140	20.5	4.33	1910	214	5.14	8.03
	506×201	11	19	20	131.3	103	56500	2580	20.7	4.43	2230	257	5.23	6.93
500×300	482×300	11	15	26	145.5	114	60400	6760	20.4	6.82	2500	451	7.83	8.39
	488×300	11	18	26	163.5	128	71000	8110	20.8	7.04	2910	541	7.97	7.20
600×200	596×199	10	15	22	120.5	94.6	68700	1980	23.9	4.05	2310	199	4.95	9.88
	600×200	11	17	22	134.4	106	77600	2280	24.0	4.12	2590	228	5.01	8.85
	606×201	12	20	22	152.5	120	90400	2720	24.3	4.22	2980	271	5.11	7.70
600×300	582×300	12	17	28	174.5	137	103000	7670	24.3	6.63	3530	511	7.74	8.83
	588×300	12	20	28	192.5	151	118000	9020	24.8	6.85	4020	601	7.87	7.71
	594×302	14	23	28	222.4	175	137000	10600	24.9	6.90	4620	701	7.96	6.81
700×300	692×300	13	20	28	211.5	166	172000	9020	28.6	6.53	4980	602	7.71	8.90
	700×300	13	24	28	235.5	185	201000	10800	29.3	6.78	5760	722	7.87	7.65
	708×302	15	28	28	273.6	215	237000	12900	29.4	6.86	6700	853	7.97	6.67
800×300	792×300	14	22	28	243.4	191	254000	9930	32.3	6.39	6410	662	7.65	9.18
	800×300	14	26	28	267.4	210	292000	11700	33.0	6.62	7290	782	7.80	8.00
	808×302	16	30	28	307.6	241	339000	13800	33.2	6.70	8400	915	7.89	7.04
900×300	890×299	15	23	28	270.9	213	345000	10300	35.7	6.39	7760	688	7.51	9.72
	900×300	16	28	28	309.8	243	411000	12600	36.4	6.39	9140	843	7.68	8.23

표준길이 6.0, 6.5, 7.0, 8.0, 9.0, 10.0, 11.0, 12.0, 13.0, 14.0, 15.0 [m]

부록 C-4 T 형강의 표준 단면 치수와 단면 성능

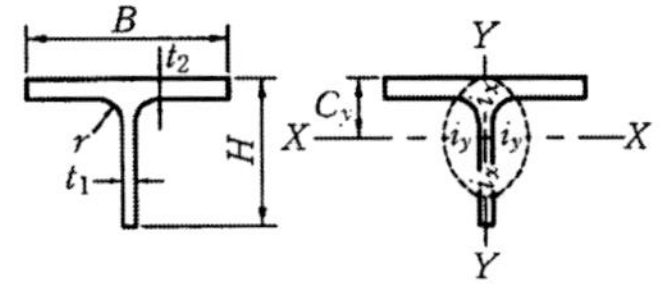

치 수 [mm]				단면적 [cm²]	단위중량 [kgf/m]	단면2차모멘트 [cm⁴]		단면2차반경 [cm]		단면계수 [cm³]		중 심 [cm] C_x
$H \times B$	t_1	t_2	r			I_x	I_y	i_x	i_y	Z_x	Z_y	
50 × 50	4	6	7	4.970	3.90	9.91	6.30	1.41	1.13	2.61	2.52	1.20
50 ×100	6	8	10	10.95	8.60	16.1	66.9	1.21	2.47	4.03	13.4	1.00
50 ×100	5	7	8	9.425	7.40	13.9	58.4	1.21	2.49	3.42	11.7	0.936
62.5× 60	4.5	6.5	8	6.695	5.26	21.8	11.8	1.81	1.33	4.61	3.93	1.52
62.5×125	5	7	8	11.80	9.26	28.1	114	1.54	3.10	5.45	18.2	1.10
62.5×125	6.5	9	10	15.16	11.9	35.0	147	1.52	3.11	6.91	23.5	1.19
75 × 75	5	7	8	8.925	7.01	42.6	24.7	2.18	1.66	7.46	6.59	1.79
75 ×100	6	9	11	13.42	10.5	51.7	75.3	1.96	2.37	8.84	15.1	1.55
75 ×150	7	10	11	20.07	15.8	66.4	282	1.82	3.75	10.8	37.6	1.37
87.5× 90	5	8	9	11.52	9.05	70.7	48.7	2.48	2.06	10.4	10.8	1.93
87.5×175	7.5	11	12	25.61	20.1	115	492	2.12	4.38	15.9	56.2	1.55
100 ×100	5.5	8	11	13.58	10.7	114	67.0	2.90	2.22	14.8	13.4	2.29
97 ×150	6	9	13	19.51	15.3	125	254	2.53	3.61	15.8	33.8	1.79

치 수 [mm]				단면적 [cm²]	단위중량 [kgf/m]	단면2차모멘트 [cm⁴]		단면2차반경 [cm]		단면계수 [cm³]		중 심 [cm]
$H \times B$	t_1	t_2	r			I_x	I_y	i_x	i_y	Z_x	Z_y	C_x
100×200	8	12	13	31.77	24.9	184	801	2.41	5.02	22.3	80.1	1.73
100×204	12	12	13	35.77	28.1	256	851	2.67	4.88	32.4	83.4	2.09
125×125	6	9	12	18.83	14.8	248	147	3.63	2.79	25.6	23.5	2.78
122×175	7	11	16	28.12	22.1	289	492	3.20	4.18	29.1	56.3	2.27
122×252	11	11	16	41.03	32.2	445	1470	3.29	5.98	45.3	117	2.39
125×250	9	14	16	46.09	36.2	412	1820	2.99	6.29	39.5	146	2.08
125×255	14	14	16	52.34	41.1	589	1940	3.36	6.09	59.4	152	2.58
150×150	6.5	9	13	23.39	18.4	464	254	4.45	3.29	40.0	33.8	3.41
147×200	8	12	18	36.19	28.4	572	802	3.97	4.71	48.2	80.2	2.83
147×302	12	12	18	53.83	42.3	858	2760	3.99	7.16	72.3	183	2.84
150×300	10	15	18	59.89	47.0	798	3380	3.65	7.51	63.7	225	2.47
150×305	15	15	18	67.39	52.9	1110	3550	4.05	7.26	92.5	233	3.03
152×301	11	17	18	67.41	52.9	903	3870	3.66	7.57	7.14	257	2.55
173×174	6	9	14	26.34	20.7	679	396	5.08	3.88	50.0	45.5	3.71
175×175	7	11	14	31.57	24.8	815	492	5.08	3.95	59.3	56.2	3.75
170×250	9	14	20	50.76	39.8	1020	1830	4.48	6.00	73.1	146	3.09
169×351	13	13	20	67.63	53.1	1420	4690	4.59	8.33	104	267	3.21
172×348	10	16	20	73.00	57.3	1230	5620	4.11	8.78	84.7	323	2.67
172×354	16	16	20	83.32	65.4	1800	5920	4.65	8.43	131	335	3.40

치 수 [mm]				단면적 [cm^2]	단위중량 [kgf/m]	단면2차모멘트 [cm^4]		단면2차반경 [cm]		단면계수 [cm^3]		중 심 [cm]
$H \times B$	t_1	t_2	r			I_x	I_y	i_x	i_y	Z_x	Z_y	C_x
175×350	12	19	20	86.94	68.2	1520	6790	4.18	8.84	104	388	2.86
175×357	19	19	20	99.19	77.9	2200	7220	4.71	8.53	158	404	3.59
178×352	14	22	20	101.0	79.3	1820	8000	4.25	8.90	124	455	3.05
198× 99	7	11	16	36.08	28.3	1190	723	5.76	4.48	76.4	727	4.17
200×200	8	13	16	42.06	33.0	1400	868	5.76	4.54	88.6	86.8	4.23
195×300	10	16	22	67.98	53.4	1730	3600	5.05	7.28	108	240	3.41
194×402	15	15	22	89.23	70.0	2480	8130	5.27	9.54	158	404	3.70
197×398	11	18	22	93.41	73.3	2050	9460	4.68	10.1	123	475	3.01
197×405	18	18	22	107.2	84.1	3050	9980	5.34	9.65	193	493	3.89
200×400	13	21	22	109.3	85.8	2480	11200	4.76	10.1	147	560	3.21
200×408	21	21	22	125.3	98.4	3650	11900	5.40	9.75	229	581	4.07
207×405	28	28	22	147.7	116	3620	15500	4.95	10.2	213	766	3.68
214×407	20	35	22	180.3	142	4380	19700	4.93	10.4	250	967	3.90
229×417	30	50	22	264.3	207	7470	30200	5.32	10.7	414	1450	4.85
249×432	45	70	22	385.0	302	13200	47100	5.87	11.1	706	2180	6.13
223×199	8	12	18	42.15	33.1	1880	790	6.67	4.33	109	79.4	5.10
225×200	9	14	18	48.38	38.1	2160	936	6.68	4.40	124	93.6	5.15
220×300	11	18	24	78.69	61.8	2680	4060	5.84	7.18	149	270	4.05
248×199	9	14	20	50.64	39.7	2840	922	7.49	4.27	150	92.6	5.90

치 수 [mm]				단면적 [cm²]	단위중량 [kgf/m]	단면2차모멘트 [cm⁴]		단면2차반경 [cm]		단면계수 [cm³]		중 심 [cm]
$H \times B$	t_1	t_2	r			I_x	I_y	i_x	i_y	Z_x	Z_y	C_x
250×200	10	16	20	57.12	44.8	3210	1070	7.50	4.33	169	107	5.96
253×201	11	19	20	65.65	51.5	3670	1290	7.48	4.43	190	128	5.96
241×300	11	15	26	72.76	57.1	3420	3380	6.85	6.82	178	225	4.92
244×300	11	18	26	81.76	64.2	3620	4060	6.66	7.04	184	270	4.66
298×199	10	15	22	60.23	47.3	5190	989	9.29	4.05	236	99.4	7.79
300×200	11	17	22	67.21	52.8	5810	1140	9.30	4.12	262	114	7.84
303×201	12	20	22	76.24	59.8	6570	1360	9.28	4.22	292	135	7.79
291×300	12	17	22	87.24	68.5	6360	3830	8.54	6.63	280	256	6.39
294×300	12	20	8	96.24	75.6	6710	4510	8.35	6.85	288	301	6.08
297×302	14	23	28	111.2	87.3	7920	5290	8.44	6.90	339	350	6.33
346×300	13	20	28	105.7	83.0	11300	4510	10.3	6.53	425	301	7.99
350×300	13	24	28	117.7	92.4	12000	5410	10.1	6.78	438	361	7.55
354×302	15	28	28	136.8	107	14200	6440	10.2	6.86	513	426	7.78
396×300	14	22	28	121.7	95.6	17700	4960	12.1	6.38	593	331	9.66
400×300	14	26	28	133.7	105	18800	5860	11.9	6.62	610	391	9.18
404×302	16	30	28	153.8	121	21900	6900	11.9	6.70	705	457	9.41
445×299	15	23	28	135.4	106	26900	5140	13.9	6.16	790	344	11.6
450×300	16	28	28	154.9	122	29200	6310	13.7	6.39	866	421	11.3
456×302	18	34	28	182.0	143	34200	7820	13.7	6.56	997	518	11.3

부록 C-5 등변 ㄱ 형강의 표준 단면 치수와 단면 성능

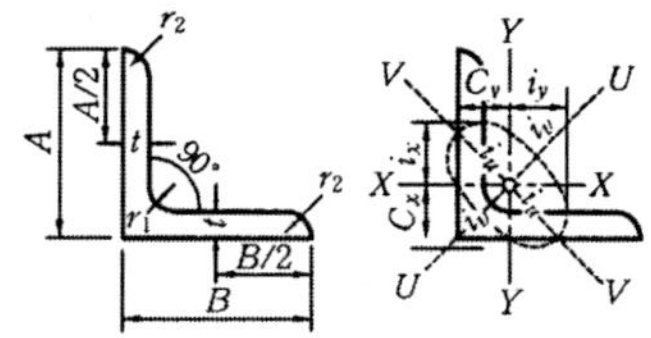

치 수 [mm]				단면적 [cm²]	단위중량 [kgf/m]	단면2차모멘트 [cm⁴]			단면2차반경 [cm]			단면계수 [cm³]	중 심 [cm]
$A \times B$	t	r_1	r_2			$I_x = I_y$	I_u	I_v	$i_x = i_y$	i_u	i_v	$Z_x = Z_y$	$C_x = C_y$
40×40	3	4.5	2	2.336	1.83	3.53	5.60	1.45	1.23	1.55	0.79	1.21	1.09
40×40	5	4.5	3	3.755	2.95	5.42	8.59	2.25	1.20	1.51	0.77	1.91	1.17
45×45	4	6.5	3	3.492	2.74	6.50	10.3	2.69	1.36	1.72	0.88	2.00	1.24
50×50	4	6.5	3	3.892	3.06	9.06	14.4	3.74	1.53	1.92	0.98	2.49	1.37
50×50	6	6.5	4.5	5.644	4.43	12.6	20.0	5.24	1.50	1.88	0.96	3.55	1.44
60×60	4	6.5	3	4.692	3.68	16.0	25.4	6.62	1.85	2.33	1.19	3.66	1.61
60×60	5	6.5	3	5.802	4.55	19.6	31.2	8.0	1.84	2.32	1.18	4.52	1.66
65×65	6	8.5	4	7.527	5.91	29.4	46.6	12.1	1.98	2.49	1.27	6.27	1.81
65×65	8	8.5	6	9.761	7.66	36.8	58.3	15.3	1.94	2.44	1.25	7.97	1.88
70×70	6	8.5	4	8.127	6.38	37.1	58.9	15.3	2.14	2.69	1.37	7.33	1.94
75×75	6	8.5	4	8.727	6.85	46.1	73.2	19.0	2.30	2.90	1.47	8.47	2.06
75×75	9	8.5	6	12.69	9.96	64.4	102	26.7	2.25	2.84	1.45	12.1	2.17
75×75	12	8.5	6	16.56	13.0	81.9	129	34.5	2.22	2.79	1.44	15.7	2.29
80×80	6	8.5	4	9.327	7.32	56.4	89.6	23.2	2.46	3.10	1.58	9.70	2.19
90×90	6	10	5	10.55	8.28	80.7	129	32.3	2.77	3.50	1.75	12.3	2.42

치수 [mm]				단면적 [cm²]	단위중량 [kgf/m]	단면2차모멘트 [cm⁴]			단면2차반경 [cm]			단면계수 [cm³]	중 심 [cm]
$A \times B$	t	r_1	r_2			$I_x = I_y$	I_u	I_v	$i_x = i_y$	i_u	i_V	$Z_x = Z_y$	$C_x = C_y$
90× 90	7	10	5	12.22	9.59	93.0	148	38.3	2.76	3.48	1.77	14.2	2.46
90× 90	10	10	7	17.00	13.3	125	199	51.6	2.71	3.42	1.74	19.5	2.58
90× 90	13	10	7	21.71	17.0	156	248	65.3	2.68	3.38	1.73	24.8	2.69
100×100	7	10	5	13.62	10.7	129	205	53.1	3.08	3.88	1.97	17.7	2.71
100×100	10	10	7	19.00	14.9	175	278	71.9	3.03	3.83	1.95	24.4	2.83
100×100	13	10	7	24.31	19.1	220	348	91.0	3.00	3.78	1.93	31.1	2.94
120×120	8	12	5	18.76	14.7	258	410	106	3.71	4.68	2.38	29.5	3.24
130×130	9	12	6	22.74	17.9	366	583	150	4.01	5.06	2.57	38.7	3.53
130×130	12	12	8.5	29.76	23.4	467	743	192	3.96	5.00	2.54	49.9	3.64
130×130	15	12	8.5	36.75	28.8	568	902	234	3.93	4.95	2.53	61.5	3.76
150×150	12	14	7	34.77	27.3	740	1176	304	4.61	5.82	2.96	68.2	4.14
150×150	15	14	10	42.74	33.6	888	1410	365	4.56	5.75	2.92	82.6	4.24
150×150	19	14	10	53.38	41.9	1090	1730	451	4.52	5.69	2.91	103	4.40
175×175	12	15	11	40.52	31.8	1170	1860	479	5.37	6.78	3.44	91.6	4.73
175×175	15	15	11	50.21	39.4	1440	2290	588	5.35	6.75	3.42	114	4.85
200×200	15	17	12	57.75	45.3	2180	3470	891	6.14	7.75	3.93	150	5.47
200×200	20	17	12	76.00	59.7	2820	4490	1160	6.09	7.68	3.90	197	5.67
200×200	25	17	12	93.75	73.6	3420	5420	1410	6.04	7.61	3.88	242	5.87
250×250	25	24	12	119.4	93.7	6950	11000	2860	7.63	9.62	4.89	388	7.10
250×250	35	24	18	162.6	128	9110	14400	3790	7.48	9.42	4.83	519	7.45

표준길이 6.0, 6.5, 7.0, 8.0, 9.0, 10.0, 11.0, 12.0, 13.0, 14.0, 15.0 [m]

부록 C-6 리프 ㄷ 형강의 표준 단면 치수와 단면 성능

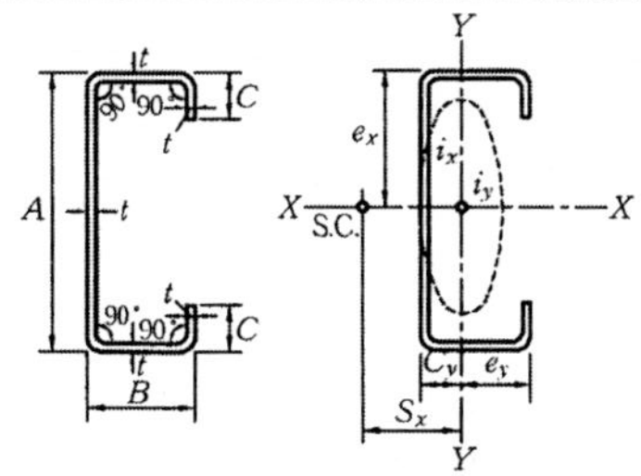

치수 번호	치 수 [mm]		단면적 [cm²]	단위중량 [kgf/m]	중심위치 [cm]	단면2차모멘트 [cm⁴]		단면2차반경 [cm]		단 면 계 수 [cm³]		전 단 중 심 [cm]	
	$A \times B$	t			C_y	I_x	I_y	i_x	i_y	Z_x	Z_y	S_x	S_y
4176	250×75×25	4.5	18.92	14.9	2.07	1690	129	9.44	2.62	135	23.8	5.1	0
4166	200×75×25	4.5	16.67	13.1	2.32	990	121	7.61	2.69	99.0	22.3	5.6	0
4165	200×75×25	4.0	14.95	11.7	2.32	895	110	7.74	2.72	89.5	21.3	5.7	0
4164	200×75×25	3.2	12.13	9.52	2.33	736	92.3	7.70	2.76	73.6	17.8	5.7	0
4157	200×75×20	5.0	17.86	14.0	2.18	1050	118	7.67	2.57	105	22.1	5.3	0
4156	200×75×20	4.5	16.22	12.7	2.19	963	109	7.79	2.60	96.3	20.6	5.3	0
4146	150×75×25	4.5	14.42	11.3	2.65	501	109	5.90	2.75	66.9	22.5	6.3	0
4145	150×75×25	4.0	12.95	10.2	2.66	455	99.8	5.93	2.78	60.6	20.6	6.3	0
4144	150×75×25	3.2	10.53	8.26	2.50	375	83.6	5.97	2.82	50.0	17.3	6.4	0
4137	150×75×25	5.0	15.36	12.1	2.50	532	107	5.89	2.64	71.0	21.3	5.9	0
4136	150×75×20	4.5	13.97	11.0	2.10	489	99.2	5.92	2.66	65.2	19.8	6.0	0
4126	150×65×20	4.5	13.07	10.3	2.11	441	69.2	5.71	2.31	58.9	15.7	5.0	0
4125	150×65×20	4.0	11.75	9.22	2.11	401	63.7	5.84	2.33	53.5	14.5	5.0	0
4124	150×65×20	3.2	9.567	7.51	2.11	332	53.8	5.89	2.37	44.3	12.2	5.1	0
4123	150×65×20	2.6	7.876	6.18	2.12	277	45.5	5.92	2.40	36.9	10.4	5.1	0
4122	150×65×20	2.3	7.012	5.50	2.12	248	41.1	5.94	2.42	33.0	9.37	5.2	0
4117	150×50×20	5.0	12.86	10.1	1.54	401	38.0	5.58	1.72	53.4	11.0	3.6	0
4116	150×50×20	4.5	11.72	9.20	1.54	368	35.7	5.60	1.75	49.0	10.5	3.7	0

치수 번호	치 수 [mm]		단면적 [cm²]	단위중량 [kgf/m]	중심위치 [cm]	단면2차모멘트 [cm⁴]		단면2차반경 [cm]		단 면 계 수 [cm³]		전 단 중 심 (cm)	
	$A \times B$	t			C_y	I_x	I_y	i_x	i_y	Z_x	Z_y	S_x	S_y
4115	150×50×20	4.0	10.55	8.27	1.54	337	33.1	5.65	1.77	44.9	9.57	3.7	0
4114	150×50×20	3.2	8.607	6.76	1.54	280	28.3	5.71	1.81	37.4	8.19	3.8	0
4113	150×50×20	2.6	7.096	5.57	1.54	234	24.2	5.75	1.84	31.2	6.99	3.8	0
4112	125×50×20	2.3	6.322	4.96	1.55	210	21.9	5.77	1.86	28.0	6.33	3.8	0
4107	125×50×20	5.0	11.61	9.11	1.68	257	36.1	4.70	1.76	41.0	10.8	3.9	0
4106	125×50×20	4.5	10.59	8.32	1.68	238	33.5	4.74	1.78	38.0	10.1	4.0	0
4105	125×50×20	4.0	9.548	7.50	1.68	217	33.1	4.77	1.81	34.7	9.38	4.0	0
4104	125×50×20	3.2	7.807	6.13	1.68	181	26.6	4.82	1.85	29.0	8.02	4.0	0
4102	120×60×25	2.3	5.747	4.51	1.69	137	20.6	4.88	1.89	21.9	6.22	4.1	0
4096	120×60×25	4.5	11.72	9.20	2.26	252	58.0	4.63	2.22	41.9	15.5	5.3	0
4084	120×60×20	3.2	8.287	6.50	2.12	186	40.9	4.74	2.22	31.0	10.5	4.9	0
4083	120×60×20	2.6	6.836	5.36	2.13	156	34.7	4.77	2.25	26.0	8.96	5.1	0
4082	120×60×20	2.3	6.092	4.78	2.13	140	31.3	4.79	2.27	23.3	8.10	5.1	0
4077	100×50×20	5.0	10.36	8.13	1.85	149	33.5	3.80	1.80	29.8	10.7	4.3	0
4076	100×50×20	4.5	9.469	7.43	1.86	139	30.9	3.82	1.81	27.7	9.82	4.3	0
4075	100×50×20	4.0	8.548	6.71	1.86	127	28.7	3.85	1.83	25.4	9.13	4.3	0
4074	100×50×20	3.2	7.007	5.50	1.86	107	24.5	3.90	1.87	21.3	7.81	4.4	0
4073	100×50×20	2.6	5.796	4.55	1.86	89.7	21.0	3.93	1.90	17.9	6.68	4.4	0
4072	100×50×20	2.3	5.172	4.06	1.86	80.7	19.0	3.95	1.92	16.1	6.06	4.4	0
4071	100×50×20	1.6	3.672	2.88	1.87	58.4	14.0	3.99	1.95	11.7	4.47	4.5	0
4064	90×50×20	3.2	6.687	5.25	1.94	82.9	23.6	3.42	1.88	18.4	7.71	4.6	0
4054	90×45×20	3.2	6.367	5.00	1.72	76.9	18.3	3.48	1.69	17.1	6.57	4.1	0
4052	90×45×20	2.3	4.712	3.70	1.73	58.6	14.2	3.53	1.74	13.0	5.14	4.1	0
4051	90×45×20	1.6	3.352	2.63	1.73	42.6	10.5	3.56	1.77	9.46	3.80	4.2	0
4043	80×40×15	2.6	4.496	3.53	1.46	43.9	9.87	3.12	1.48	11.0	3.88	3.4	0
4042	80×40×15	2.3	4.022	3.16	1.46	39.7	9.01	3.13	1.50	9.92	3.55	3.5	0
4032	75×45×15	2.3	4.137	3.25	1.72	37.1	11.8	3.00	1.69	9.90	4.24	4.0	0
4031	75×45×15	1.6	2.952	2.32	1.72	27.1	8.71	3.03	1.72	7.24	3.13	4.1	0
4022	75×35×15	2.3	3.677	2.89	1.29	31.0	6.58	2.91	1.34	8.28	2.98	3.1	0
4021	75×35×15	1.6	2.632	2.06	1.29	22.8	4.80	2.95	1.35	6.09	1.71	3.1	0
4012	60×30×10	2.3	2.872	2.25	1.06	15.6	3.32	2.33	1.07	5.20	1.32	2.5	0
4011	60×30×10	1.6	2.072	1.63	1.06	11.6	2.56	2.37	1.11	3.88	1.32	2.5	0

부록 C-7 I형강의 표준 단면 치수와 단면 성능

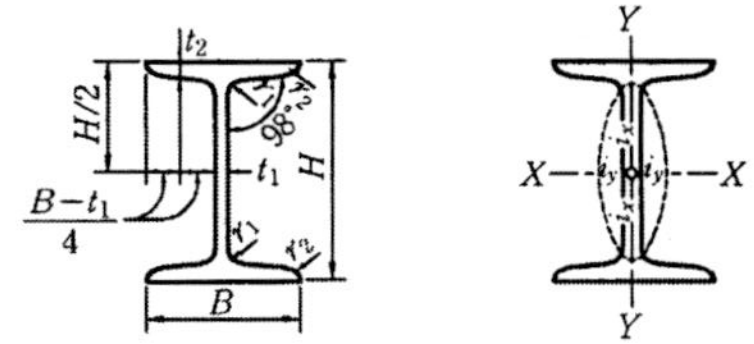

치 수 [mm]					단면적 [cm²]	단위중량 [kgf/m]	단면2차모멘트 [cm⁴]		단면2차반경 [cm]		단 면 계 수 [cm³]	
$H \times B$	t_1	r_1	r_2	r_2			I_x	I_y	i_x	i_y	Z_x	Z_y
100× 75	5	8	7	3.5	16.43	12.9	283	48.3	4.15	1.72	56.5	12.9
125× 75	5.5	9.5	9	4.5	20.45	16.1	540	59.0	5.14	1.70	86.4	15.7
150× 75	5.5	9.5	9	4.5	21.83	17.1	820	59.1	6.13	1.65	109	15.8
150×125	8.5	14	13	6.5	46.15	36.2	1780	395	6.21	2.92	237	63.1
180×100	6	10	10	5	30.06	23.6	1670	141	7.46	2.17	186	28.2
200×100	7	10	10	5	33.06	26.0	2180	142	8.11	2.07	218	28.4
200×150	9	16	15	7.5	64.16	50.4	4490	771	8.37	3.47	449	103
250×125	7.5	12.5	12	6	48.79	38.3	5190	345	10.3	2.66	415	55.2
250×125	10	19	21	10.5	70.73	55.5	7340	560	10.2	3.81	587	89.6
300×150	8	13	12	6	61.58	48.3	9500	600	12.4	3.12	633	80.0
300×150	10	18.5	19	9.5	83.47	65.5	12700	886	12.4	3.26	849	118
300×150	11.5	22	23	11.5	97.88	76.8	14700	1120	12.3	3.38	981	149
350×150	9	15	13	6.5	74.58	58.5	15200	715	14.3	3.10	871	95.4
350×150	12	24	25	12.5	111.1	87.2	22500	1230	14.2	3.33	1280	164
400×150	10	18	17	8.5	91.73	72.0	24000	887	16.2	3.11	1200	118
400×150	12.5	25	27	13.5	122.1	95.8	31700	1290	16.1	3.25	1580	172
450×175	11	20	19	9.5	116.8	91.7	39200	1550	18.3	3.64	1740	177
450×175	13	26	27	13.5	146.1	115	48800	2100	18.3	3.79	2170	240
600×190	13	25	25	12.5	169.4	133	93200	2540	24.1	3.87	3270	267
600×190	16	35	38	19	224.5	176	13000	3700	24.0	4.06	4330	390

표준길이 6.0, 6.5, 7.0, 8.0, 9.0, 10.0, 11.0, 12.0, 13.0, 14.0, 15.0 [m]

부록 C-8 ㄷ 형강의 표준 단면 치수와 단면 성능

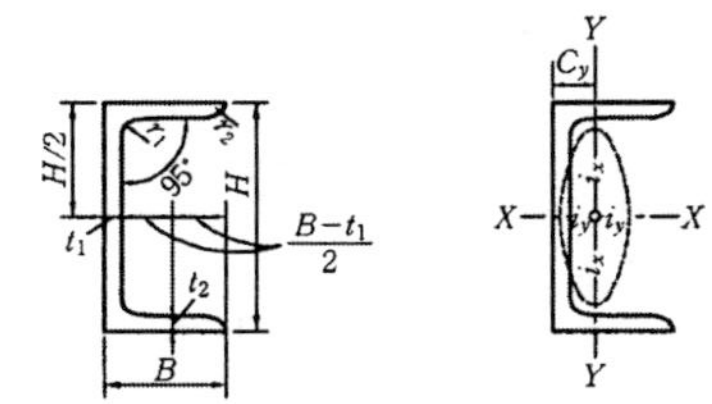

치수 [mm]					단면적 [cm^2]	단위중량 [kgf/m]	단면2차모멘트 [cm^4]		단면2차반경 [cm]		단면계수 [cm^3]		중심 [cm]
$H \times B$	t_1	t_2	r_1	r_2			I_x	I_y	i_x	i_y	Z_x	Z_y	
75× 40	5	7	8	4	8.818	6.92	75.9	12.4	2.93	1.19	20.2	4.54	1.27
100× 50	5	7.5	8	4	11.92	9.36	189	26.9	3.98	1.50	37.8	7.82	1.55
125× 65	6	8	8	4	17.11	13.4	425	65.5	4.99	1.96	68.0	14.4	1.94
150× 75	6.5	10	10	5	23.71	18.6	864	122	6.04	2.27	115	23.6	2.31
150× 75	9	12.5	15	7.5	30.59	24.0	1050	147	5.86	2.19	140	28.3	2.31
180× 75	7	10.5	11	5.5	27.20	21.4	1380	137	7.73	2.24	154	25.5	2.15
200× 70	7	10	11	5.5	26.92	21.1	1620	113	7.77	2.04	162	21.8	1.85
200× 80	7.5	11	12	6	31.33	24.6	1950	177	7.89	2.38	195	30.8	2.24
200× 90	8	13.5	14	7	38.65	30.3	2490	286	8.03	2.72	249	45.9	2.77
250× 90	9	13	14	7	44.07	34.6	4180	306	9.74	2.64	335	46.5	2.42
250× 90	11	14.5	17	8.5	51.17	40.2	4690	342	9.57	2.58	375	51.7	2.39
300× 90	9	13	14	7	48.57	38.1	6440	325	11.5	2.59	429	48.0	2.23
300× 90	10	15.5	19	9.5	55.74	43.8	7400	373	11.5	2.59	494	56.0	2.33
300× 90	12	16	19	9.5	61.90	48.6	7870	391	11.3	2.51	525	57.9	2.25
280×100	10.5	16	18	9	69.39	54.5	14500	557	14.5	2.83	762	73.3	2.41
380×100	1	16.5	18	9	78.96	62.0	15600	584	14.1	2.72	822	75.8	2.29
380×100	13	20	24	12	85.71	67.3	17600	671	14.3	2.80	924	89.5	2.50

표준길이 6.0, 6.5, 7.0, 8.0, 9.0, 10.0, 11.0, 12.0, 13.0, 14.0, 15.0 [m]

부록 C-9 탄소강 강관

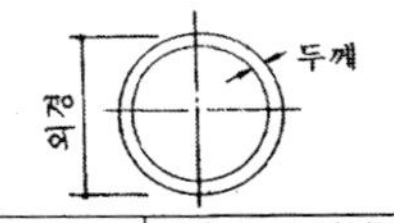

外 径 (mm)	두 께 (mm)	重 量 (kg/m)	斷 面 積 (cm^2)	단면2차모우먼트 (cm^4)	斷面係數 (cm^3)	斷面2次半径 (cm)
21.7	2.0	0.972	1.238	0.607	0.560	0.700
27.2	2.0	1.24	1.583	1.26	0.930	0.890
	2.3	1.41	1.799	1.41	1.03	0.880
34.0	2.3	1.80	2.291	2.89	1.70	1.12
42.7	2.3	2.29	2.919	5.97	2.80	1.43
	2.5	2.49	3.157	6.40	3.00	1.42
	2.8	2.76	3.510	7.02	3.29	1.41
48.6	2.3	2.63	3.345	8.99	3.70	1.64
	2.5	2.84	3.621	9.65	3.97	1.63
	2.8	3.16	4.029	10.6	4.36	1.62
	3.2	3.58	4.564	11.8	4.86	1.61
60.5	2.3	3.30	4.205	17.8	5.90	2.06
	3.2	4.52	5.760	23.7	7.84	2.03
	4.0	5.57	7.100	28.5	9.41	2.00
76.3	2.8	5.08	6.465	43.7	11.5	2.60
	3.2	5.77	7.349	49.2	12.9	2.59
	4.0	7.13	9.085	59.5	15.6	2.56
89.1	2.8	5.96	7.591	70.7	15.9	3.05
	3.2	6.78	8.636	79.8	17.9	3.04
	4.0	8.39	10.69	97.0	21.8	3.01
101.6	3.2	7.76	9.892	120	23.6	3.48
	4.0	9.63	12.26	146	28.8	3.45
	5.0	11.9	15.17	177	34.9	3.42
114.3	3.2	8.77	11.17	172	30.2	3.93
	3.6	9.83	12.52	192	33.6	3.92
	4.5	12.2	15.52	234	41.0	3.89
	5.6	15.0	19.12	283	49.6	3.85
139.8	3.6	12.1	15.40	357	51.1	4.82
	4.0	13.4	17.07	394	56.3	4.80
	4.5	15.0	19.13	438	62.7	4.79
	6.0	19.8	25.22	566	80.9	4.74
165.2	4.5	17.8	22.72	734	88.9	5.68
	5.0	19.8	25.16	808	97.8	5.67
	6.0	23.6	30.01	952	115	5.63
	7.0	27.3	34.79	109×10	132	5.60
190.7	4.5	20.7	26.32	114×10	120	6.59
	5.0	22.9	29.17	126×10	132	6.57
	6.0	27.3	34.82	149×10	156	6.53
	7.0	31.7	40.40	171×10	179	6.50
216.3	4.5	23.5	29.94	168×10	155	7.49
	6.0	31.1	39.61	219×10	203	7.44
	7.0	36.1	46.03	252×10	233	7.40
	8.0	41.1	52.35	284×10	263	7.37
267.4	6.0	38.7	49.27	421×10	315	9.24
	7.0	45.0	57.27	486×10	363	9.21
	8.0	51.2	65.19	549×10	411	9.18
	9.0	57.4	73.06	611×10	457	9.14
318.5	6.0	46.2	58.91	719×10	452	11.1
	7.0	53.8	68.50	831×10	552	11.0
	8.0	61.3	78.04	941×10	591	11.0
	9.0	68.7	87.51	105×10^2	659	10.9
355.6	6.3	54.3	69.13	105×10^2	593	12.4
	8.0	68.6	87.36	132×10^2	742	12.3
	9.0	76.9	98.00	147×10^2	828	12.3
	12.0	102	129.5	191×10^2	108×10	12.2

外 径 (mm)	두 께 (mm)	重 量 (kg/m)	斷 面 積 (cm²)	단면2차모우먼트 (cm⁴)	斷面係數 (cm³)	斷面2次半径 (cm)
406.4	9.0	88.2	112.4	222×10^2	109×10	14.1
	12.0	117	148.7	289×10^2	142×10	14.0
	16.0	154	196.2	374×10^2	184×10	13.8
	19.0	182	231.2	435×10^2	214×10	13.7
457.2	9.0	99.5	126.7	318×10^2	140×10	15.8
	12.0	132	167.8	416×10^2	182×10	15.7
	16.0	174	221.8	540×10^2	236×10	15.6
	19.0	205	261.6	629×10^2	275×10	15.5
500	9.0	109	138.8	418×10^2	167×10	17.4
	12.0	144	184.0	548×10^2	219×10	17.3
	14.0	168	213.8	632×10^2	253×10	17.2
508.0	9.0	111	141.1	439×10^2	173×10	17.6
	12.0	147	187.0	575×10^2	226×10	17.5
	14.0	171	217.3	663×10^2	261×10	17.5
	16.0	194	247.3	749×10^2	295×10	17.4
	19.0	229	291.9	874×10^2	344×10	17.3
	22.0	264	335.9	994×10^2	391×10	17.2
558.8	9.0	122	155.5	588×10^2	210×10	19.4
	12.0	162	206.1	771×10^2	276×10	19.3
	16.0	214	272.8	101×10^3	360×10	19.2
	19.0	253	322.2	118×10^3	421×10	19.1
	22.0	291	371.0	134×10^3	479×10	19.0
600	9.0	131	167.1	730×10^2	243×10	20.9
	12.0	174	221.7	958×10^2	320×10	20.8
	14.0	202	257.7	111×10^3	369×10	20.7
	16.0	230	293.6	125×10^3	418×10	20.7
609.6	9.0	133	169.8	766×10^2	251×10	21.2
	12.0	177	225.3	101×10^3	330×10	21.1
	14.0	206	262.0	116×10^3	381×10	21.1
	16.0	234	298.4	132×10^3	432×10	21.0
	19.0	277	352.5	154×10^3	505×10	20.9
	22.0	319	406.1	176×10^3	576×10	20.8
700	9.0	153	195.4	117×10^3	333×10	24.4
	12.0	204	259.4	154×10^3	439×10	24.3
	14.0	237	301.7	178×10^3	507×10	24.3
	16.0	270	343.8	201×10^3	575×10	24.2
711.2	9.0	156	198.5	122×10^3	344×10	24.8
	12.0	207	263.6	161×10^3	453×10	24.7
	14.0	241	306.6	186×10^3	524×10	24.7
	16.0	274	349.4	212×10^3	594×10	24.6
	19.0	324	413.2	248×10^3	696×10	24.5
	22.0	374	476.3	283×10^3	796×10	24.4
812.8	9.0	178	227.3	184×10^3	452×10	28.4
	12.0	237	301.9	242×10^3	596×10	28.3
	14.0	276	351.3	280×10^3	690×10	28.2
	16.0	314	400.5	318×10^3	782×10	28.2
	19.0	372	473.8	373×10^3	919×10	28.1
	22.0	429	546.6	428×10^3	105×10^2	28.0
914.4	12.0	267	340.2	346×10^3	758×10	31.9
	14.0	311	396.0	401×10^3	878×10	31.8
	16.0	354	451.6	456×10^3	997×10	31.8
	19.0	420	534.5	536×10^3	117×10^2	31.7
	22.0	484	616.5	614×10^3	134×10^2	31.5
1016.0	12.0	297	378.5	477×10^3	939×10	35.5
	14.0	346	440.7	553×10^3	109×10^2	35.4
	16.0	395	502.7	628×10^3	124×10^2	35.4
	19.0	467	595.1	740×10^3	146×10^2	35.2
	22.0	539	687.0	849×10^3	167×10^2	35.2

부록 C-10 각형 강관

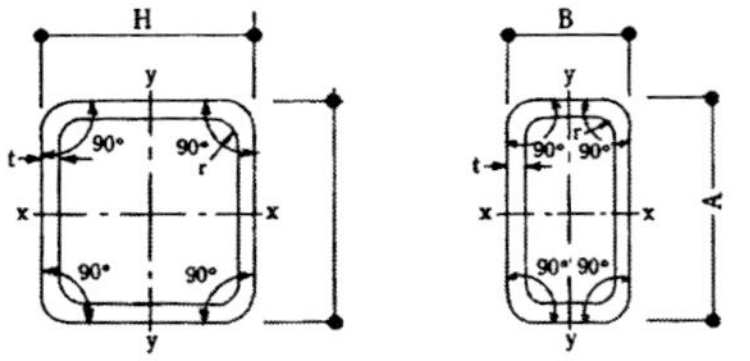

변의 길이 A × B (mm)	두 께 t (mm)	重 量 (kg/m)	斷面積 (cm²)	단면 2차 모우먼트 (cm⁴) Ix, Iy	斷面係數 (cm³) Zx, Zy	斷面 2次半径 (cm) ix, iy
40×40	1.6	1.88	2.392	5.79	2.90	1.56
40×40	2.3	2.62	3.332	7.73	3.86	1.52
50×50	1.6	2.38	3.032	11.7	4.68	1.96
50×50	2.3	3.34	4.252	15.9	6.34	1.93
50×50	3.2	4.50	5.727	20.4	8.16	1.89
60×60	1.6	2.88	3.672	20.7	6.89	2.37
60×60	2.3	4.06	5.172	28.3	9.44	2.34
60×60	3.2	5.50	7.007	36.9	12.3	2.30
75×75	1.6	3.64	4.632	41.3	11.0	2.99
75×75	2.3	5.14	6.552	57.1	15.2	2.95
75×75	3.2	7.01	8.927	75.5	20.1	2.91
75×75	4.5	9.55	12.17	98.6	26.3	2.85
80×80	2.3	5.50	7.012	69.9	17.5	3.16
80×80	3.2	7.51	9.567	92.7	23.2	3.11
80×80	4.5	10.3	13.07	122	30.4	3.05
90×90	2.3	6.23	7.932	101	22.4	3.56
90×90	3.2	8.51	10.85	135	29.9	3.52
100×100	2.3	6.95	8.852	140	27.9	3.97
100×100	3.2	9.52	12.13	187	37.5	3.93
100×100	4.0	11.7	14.95	226	45.3	3.89
100×100	4.5	13.1	16.67	249	49.9	3.87
100×100	6.0	17.0	21.63	311	62.3	3.79
100×100	9.0	24.1	30.67	408	81.6	3.65
100×100	12.0	30.2	38.53	471	94.3	3.50
125×125	3.2	12.0	15.33	376	60.1	4.95
125×125	4.5	16.6	21.17	506	80.9	4.89
125×125	5.0	18.3	23.36	553	88.4	4.86
125×125	6.0	21.7	27.63	641	103	4.82
125×125	9.0	31.1	39.67	865	138	4.67
125×125	12.0	39.7	50.53	103×10	165	4.52
150×150	4.5	20.1	25.67	896	120	5.91
150×150	5.0	22.3	28.36	982	131	5.89
150×150	6.0	26.4	33.63	115×10	153	5.84
150×150	9.0	38.2	48.67	158×10	210	5.69

변의 길이 A×B (mm)	두 께 t (mm)	重 量 (kg/m)	斷面積 (cm²)	단면 2차 모우먼트 (cm⁴) I_x, I_y	斷面係數 (cm³) Z_x, Z_y	斷面 2次半徑 (cm) i_x, i_y
175×175	4.5	23.7	30.17	145×10	166	6.93
175×175	5.0	26.2	33.36	159×10	182	6.91
175×175	6.0	31.1	39.63	186×10	213	6.86
200×200	4.5	27.2	34.67	219×10	219	7.95
200×200	6.0	35.8	45.63	283×10	283	7.88
200×200	8.0	46.9	59.79	362×10	362	7.78
200×200	9.0	52.3	66.67	399×10	399	7.73
200×200	12.0	67.9	86.53	498×10	498	7.59
250×250	5.0	38.0	48.36	481×10	384	9.97
250×250	6.0	45.2	57.63	567×10	454	9.92
250×250	8.0	59.5	75.79	732×10	585	9.82
250×250	9.0	66.5	84.67	809×10	647	9.78
250×250	12.0	86.8	110.5	103×10^2	820	9.63
300×300	4.5	41.3	52.67	763×10	508	12.0
300×300	6.0	54.7	69.63	996×10	664	12.0
300×300	9.0	80.6	102.7	143×10^2	956	11.8
300×300	12.0	106	134.5	183×10^2	122×10	11.7
350×350	9.0	94.7	120.7	232×10^2	132×10	13.9
350×350	12.0	124	158.5	298×10^2	170×10	13.7

변의 길이 A×B (mm)	두 께 t (mm)	重 量 (kg/m)	斷面積 (cm²)	단면 2차 모우먼트 (cm⁴) I_x	I_y	斷面 係數 (cm³) Z_x	Z_y	斷面 2次半徑 (cm) i_x	i_y
50×20	1.6	1.63	2.072	6.08	1.42	2.43	1.42	1.71	0.829
50×20	2.3	2.25	2.872	8.00	1.83	3.20	1.83	1.67	0.798
50×30	1.6	1.88	2.392	7.96	3.60	3.18	2.40	1.82	1.23
50×30	2.3	2.62	3.332	10.6	4.76	4.25	3.17	1.79	1.20
60×30	1.6	2.13	2.712	12.5	4.25	4.16	2.83	2.15	1.25
60×30	2.3	2.98	3.792	16.8	5.65	5.61	3.76	2.11	1.22
60×30	3.2	3.99	5.087	21.4	7.08	7.15	4.72	2.05	1.18
75×20	1.6	2.25	2.872	17.6	2.10	4.69	2.10	2.47	0.855
75×20	2.3	3.16	4.022	23.7	2.73	6.31	2.73	2.43	0.824
75×45	1.6	2.88	3.672	28.4	12.9	7.56	5.75	2.78	1.88
75×45	2.3	4.06	5.172	38.9	17.6	10.4	7.82	2.74	1.84
75×45	3.2	5.50	7.007	50.8	22.8	13.5	10.1	2.69	1.80
80×40	1.6	2.88	3.672	30.7	10.5	7.68	5.26	2.89	1.69
80×40	2.3	4.06	5.172	42.1	14.3	10.5	7.14	2.85	1.66
80×40	3.2	5.50	7.007	54.9	18.4	13.7	9.21	2.80	1.62
90×45	2.3	4.60	5.862	61.0	20.8	13.6	9.22	3.23	1.88
90×45	3.2	6.25	7.967	80.2	27.0	17.8	12.0	3.17	1.84

변의 길이	두 께	重 量	斷面積	단면 2차 모우먼트		斷面 係數		斷面 2次半径	
A × B	t			(cm^4)		(cm^3)		(cm)	
(mm)	(mm)	(kg/m)	(cm^2)	I_x	I_y	Z_x	Z_y	i_x	i_y
100×20	1.6	2.88	3.672	38.1	2.78	7.61	2.78	3.22	0.870
100×20	2.3	4.06	5.172	51.9	3.64	10.4	3.64	3.17	0.839
100×40	1.6	3.38	4.312	53.5	12.9	10.7	6.44	3.52	1.73
100×40	2.3	4.78	6.092	73.9	17.5	14.8	8.77	3.48	1.70
100×40	4.2	8.32	10.60	120	27.6	24.0	10.6	3.36	1.61
100×50	1.6	3.64	4.632	61.3	21.1	12.3	8.43	3.64	2.13
100×50	2.3	5.14	6.552	84.8	29.0	17.0	11.6	3.60	2.10
100×50	3.2	7.01	8.927	112	38.0	22.5	15.2	3.55	2.06
100×50	4.5	9.55	12.17	147	48.9	29.3	19.5	3.47	2.00
125×40	1.6	4.01	5.112	94.4	15.8	15.1	7.91	4.30	1.76
125×40	2.3	5.69	7.242	131	21.6	20.9	10.8	4.25	1.73
125×75	2.3	6.95	8.852	192	87.5	30.6	23.3	4.65	3.14
125×75	3.2	9.52	12.13	257	117	41.1	31.1	4.60	3.10
125×75	4.0	11.7	14.95	311	141	49.7	37.5	4.56	3.07
125×75	4.5	13.1	16.67	342	155	54.8	41.2	4.53	3.04
125×75	6.0	17.0	21.63	428	192	68.5	51.1	4.45	2.98
150×75	3.2	10.8	13.73	402	137	53.6	36.6	5.41	3.16
150×80	4.5	15.2	19.37	563	211	75.0	52.9	5.39	3.30
150×80	5.0	16.8	21.36	614	230	81.9	57.5	5.36	3.28
150×80	6.0	19.8	25.23	710	264	94.7	66.1	5.31	3.24
150×100	3.2	12.0	15.33	488	262	65.1	52.5	5.64	4.14
150×100	4.5	16.6	21.17	658	352	87.7	70.4	5.58	4.08
150×100	6.0	21.7	27.63	835	444	111	88.8	5.50	4.01
150×100	9.0	31.1	39.67	113×10	595	151	119	5.33	3.87
200×100	4.5	20.1	25.67	133×10	455	133	90.9	7.20	4.21
200×100	6.0	26.4	33.63	170×10	577	170	115	7.12	4.14
200×100	9.0	38.2	48.67	235×10	782	235	156	6.94	4.01
200×150	4.5	23.7	30.17	176×10	113×10	176	151	7.64	6.13
200×150	6.0	31.1	39.63	227×10	146×10	227	194	7.56	6.06
200×150	9.0	45.3	57.67	317×10	202×10	317	270	7.41	5.93
250×150	6.0	35.8	45.63	389×10	177×10	311	236	9.23	6.23
250×150	9.0	52.3	66.67	548×10	247×10	438	330	9.06	6.09
250×150	12.0	67.9	86.53	685×10	307×10	548	409	8.90	5.95
300×200	6.0	45.2	57.63	737×10	396×10	491	396	11.3	8.29
300×200	9.0	66.5	84.67	$105×10^2$	563×10	702	563	11.2	8.16
300×200	12.0	86.8	110.5	$134×10^2$	711×10	890	711	11.0	8.02
350×150	6.0	45.2	57.63	891×10	239×10	509	319	12.4	6.44
350×150	9.0	66.5	84.67	$127×10^2$	337×10	726	449	12.3	6.31
350×150	12.0	86.8	110.5	$161×10^2$	421×10	921	562	12.1	6.17
400×200	6.0	54.7	69.63	$148×10^2$	509×10	739	509	14.6	8.55
400×200	9.0	80.6	102.7	$213×10^2$	727×10	107×10	727	14.4	8.42
400×200	12.0	106	134.5	$273×10^2$	923×10	136×10	933	14.2	8.23

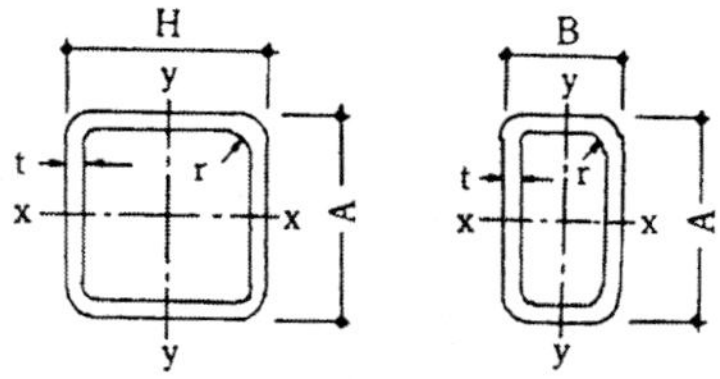

치 수 (mm)		單位重量	斷面積	단면2차 모우먼트 (cm^4)		斷 面 係 數 (cm^3)		斷面2次半徑 (cm)	
A×B	t	(kg/m)	(cm^2)	I_x	I_y	Z_x	Z_y	i_x	i_y
200×200	6.0	35.8	45.63	2,830	2,830	283	283	7.88	7.88
	8.0	46.9	59.79	3,620	3,620	362	362	7.78	7.78
	9.0	52.3	66.67	3,990	3,990	399	399	7.73	7.73
	12.0	67.9	86.53	4,980	4,980	498	498	7.59	7.59
250×250	6.0	45.2	57.63	5,670	5,670	454	454	9.92	9.92
	9.0	66.5	84.67	8,090	8,090	647	647	9.78	9.78
	12.0	86.8	110.5	10,300	10,300	820	820	9.63	9.63
300×300	6.0	54.7	69.63	9,960	9,960	664	664	12.0	12.0
	9.0	80.6	102.7	14,300	14,300	956	956	11.8	11.8
	12.0	106	134.5	18,300	18,300	1,220	1,220	11.7	11.7
350×350	9.0	94.7	120.7	23,200	23,200	1,320	1,320	13.9	13.9
	12.0	124	158.5	29,800	29,800	1,700	1,700	13.7	13.7
250×150*	6.0	35.8	45.63	3,890	1,770	311	236	9.23	6.23
	9.0	52.3	66.67	5,480	2,470	438	330	9.06	6.09
	12.0	67.9	86.53	6,850	3,070	548	409	8.90	5.95
350×150*	(6.0)	45.2	57.63	8,910	2,390	509	319	12.4	6.44
	9.0	66.5	84.67	12,700	3,370	726	449	12.3	6.31
	12.0	86.8	110.5	16,100	4,210	921	562	12.1	6.17
400×200*	6.0	45.2	57.63	7,370	3,960	491	396	11.3	8.29
	9.0	66.5	84.67	10,500	5,630	702	563	11.2	8.16
	12.0	86.8	110.5	13,400	7,110	890	711	11.0	8.02
300×200*	(6.0)	54.7	69.63	14,800	5,090	739	509	14.6	8.55
	9.0	80.6	102.7	21,300	7,270	1,070	727	14.4	8.42
	12.0	106	134.5	27,300	9,230	1,360	923	14.2	8.28

주) 1. *표의 사이즈는 상시 생산되어 있지 않다.

2. t를 ( )로 둘러싸인 사이즈는 $\frac{d}{t} \leqq \frac{74}{\sqrt{7}}$ (SS41이면 $\frac{d}{t} \leqq \frac{74}{\sqrt{2.4}} = 48$)를 초과하므로 주의할 것 (유효폭 고려)

3. 표준길이는 6 m ~ 12 m(m피치)이다.

4. 코너 r는 외측에서 2t을 표준으로 한다(t : 판두께).

5. U코람은 전봉관 방식으로 생산된다.

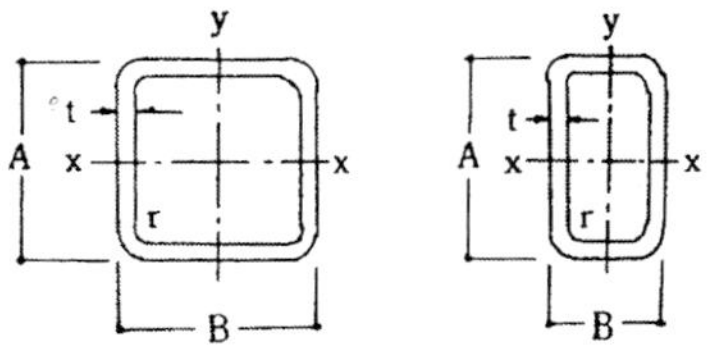

形 狀	치 수 (㎜)		單位重量	斷面積	단면2차 모우먼트 (cm⁴)		斷 面 係 數 (cm³)		斷面2次半徑 (cm)	
	A×B	t	(kg/m)	(㎠)	I_x	I_y	Z_x	Z_y	i_x	i_y
	50×50	1.6	2.38	3.032	11.7	11.7	4.68	4.68	1.96	1.96
		2.3	3.34	4.252	15.9	15.9	6.34	6.34	1.93	1.93
		3.2	4.50	5.727	20.4	20.4	8.16	8.16	1.89	1.89
	60×60	1.6	2.88	3.672	20.7	20.7	6.89	6.89	2.37	2.37
		2.3	4.06	5.172	28.3	28.3	9.44	9.44	2.34	2.34
		3.2	5.50	7.007	36.9	36.9	12.3	12.3	2.30	2.30
	75×75	2.3	5.14	6.652	57.1	57.1	15.2	15.2	2.95	2.95
		3.2	7.01	8.927	75.5	75.5	20.1	20.1	2.91	2.91
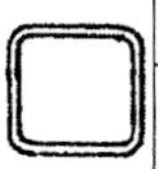	100×100	2.3	6.95	8.852	140	140	27.9	27.9	3.97	3.97
		3.2	9.52	12.13	187	187	37.5	37.5	3.93	3.93
		4.5	13.1	16.67	249	249	49.9	49.9	3.87	3.87
		6.0	17.0	21.63	311	311	62.3	62.3	3.79	3.79
	125×125	3.2	12.0	15.33	376	376	60.1	60.1	4.95	4.95
		4.5	16.6	21.17	506	506	80.9	80.9	4.89	4.89
		6.0	21.7	27.63	641	641	103	103	4.82	4.82
	150×150	4.5	20.1	25.67	896	896	120	120	5.91	5.91
		6.0	26.4	33.63	1,150	1,150	153	153	5.84	5.84
	175×175	6.0	31.1	39.63	1,860	1,860	213	213	6.86	6.86
	60×30	1.6	2.13	2.712	12.5	4.25	4.16	2.83	2.15	1.25
		2.3	2.98	3.792	16.8	5.65	5.61	3.76	2.11	1.22
		3.2	3.99	5.087	21.4	7.08	7.15	4.72	2.05	1.18
	75×45	2.3	4.06	5.172	38.9	17.6	10.4	7.82	2.74	1.84
		3.2	5.50	7.007	50.8	22.8	13.5	10.1	2.69	1.80
	100×50	2.3	5.14	6.552	84.8	29.0	17.0	11.6	3.60	2.10
		3.2	7.01	8.927	112	38.0	22.5	15.2	3.55	2.06
	125×75	2.3	6.95	8.852	192	87.5	30.6	23.3	4.65	3.14
		3.2	9.52	12.13	257	117	41.1	31.1	4.60	3.10
	150×100	3.2	12.0	15.33	488	262	65.1	52.5	5.64	4.14
		4.5	16.6	21.17	658	352	87.7	70.4	5.58	4.08
		6.0	21.7	27.63	835	444	111	88.8	5.50	4.01
	200×100	4.5	20.1	25.67	1,330	455	133	90.9	7.20	4.21
		6.0	26.4	33.63	1,700	577	170	115	7.12	4.14
	200×150	6.0	31.1	39.63	2,270	1,460	227	194	7.56	6.06

주) 1. 수주(受註)길이는 6 m, 8 m, 10 m 및 12 m를 표준으로 한다.
2. 코너 r는 외측에서 2t을 표준으로 한다(t : 판두께).

부록 D. 강재의 허용응력도

부록 D-1 $F_y = 3.3(\mathrm{t/cm^2})$ 강재의 허용압축응력도$(\mathrm{t/cm^2})$

λ	f_c	λ	f_c	λ	f_c	λ	f_c	λ	f_c
1	2.20	51	1.78	101	0.937	151	0.420	201	0.237
2	2.20	52	1.77	102	0.919	152	0.414	202	0.235
3	2.20	53	1.75	103	0.902	153	0.409	203	0.232
4	2.20	54	1.74	104	0.885	154	0.403	204	0.230
5	2.20	55	1.72	105	0.868	155	0.398	205	0.228
6	2.19	56	1.71	106	0.852	156	0.393	206	0.225
7	2.19	57	1.69	107	0.836	157	0.388	207	0.223
8	2.19	58	1.68	108	0.820	158	0.383	208	0.221
9	2.19	59	1.66	109	0.805	159	0.378	209	0.219
10	2.18	60	1.65	110	0.791	160	0.374	210	0.217
11	2.18	61	1.63	111	0.777	161	0.369	211	0.215
12	2.17	62	1.61	112	0.763	162	0.365	212	0.213
13	2.17	63	1.60	113	0.749	163	0.360	213	0.211
14	2.17	64	1.58	114	0.736	164	0.356	214	0.209
15	2.16	65	1.56	115	0.724	165	0.351	215	0.207
16	2.16	66	1.55	116	0.711	166	0.347	216	0.205
17	2.15	67	1.53	117	0.699	167	0.343	217	0.203
18	2.14	68	1.51	118	0.687	168	0.339	218	0.201
19	2.14	69	1.50	119	0.676	169	0.335	219	0.200
20	2.13	70	1.48	120	0.664	170	0.331	220	0.198
21	2.12	71	1.46	121	0.654	171	0.327	221	0.196
22	2.12	72	1.45	122	0.643	172	0.323	222	0.194
23	2.11	73	1.43	123	0.632	173	0.320	223	0.191
24	2.10	74	1.41	124	0.622	174	0.316	224	0.191
25	2.09	75	1.39	125	0.612	175	0.312	225	0.189
26	2.08	76	1.38	126	0.603	176	0.306	226	0.187
27	2.07	77	1.36	127	0.593	177	0.305	227	0.186
28	2.07	78	1.34	128	0.584	178	0.302	228	0.184
29	2.06	79	1.32	129	0.575	179	0.299	229	0.182
30	2.05	80	1.31	130	0.566	180	0.295	230	0.181
31	2.04	81	1.29	131	0.558	181	0.292	231	0.179
32	2.03	82	1.27	132	0.549	182	0.289	232	0.178
33	2.02	83	1.25	133	0.541	183	0.286	233	0.176
34	2.00	84	1.24	134	0.533	184	0.283	234	0.175
35	1.99	85	1.22	135	0.525	185	0.280	235	0.173
36	1.98	86	1.20	136	0.517	185	0.277	236	0.172
37	1.97	87	1.18	137	0.510	187	0.274	237	0.170
38	1.96	88	1.17	138	0.502	188	0.271	238	0.169
39	1.95	89	1.15	139	0.495	189	0.268	239	0.168
40	1.93	90	1.13	140	0.488	190	0.265	240	0.166
41	1.92	91	1.11	141	0.481	191	0.262	241	0.165
42	1.91	92	1.09	142	0.475	192	0.260	242	0.163
43	1.90	93	1.08	143	0.468	193	0.257	243	0.162
44	1.88	94	1.06	144	0.461	194	0.254	244	0.161
45	1.87	95	1.04	145	0.455	195	0.252	245	0.159
46	1.86	96	1.02	146	0.499	196	0.249	246	0.158
47	1.84	97	1.01	147	0.443	197	0.247	247	0.157
48	1.83	98	0.989	148	0.437	198	0.244	248	0.156
49	1.81	99	0.972	149	0.431	199	0.242	249	0.154
50	1.80	100	0.954	150	0.425	200	0.239	250	0.153

부록 D-2 $F_y = 2.4(\mathrm{t/cm^2})$ 강재의 허용압축응력도$(\mathrm{t/cm^2})$

λ	f_c	λ	f_c	λ	f_c	λ	f_c	λ	f_c
1	1.60	51	1.37	101	0.872	151	0.420	201	0.237
2	1.60	52	1.37	102	0.861	152	0.414	202	0.235
3	1.60	53	1.36	103	0.850	153	0.409	203	0.232
4	1.60	54	1.35	104	0.839	154	0.403	204	0.230
5	1.60	55	1.34	105	0.828	155	0.398	205	0.228
6	1.60	56	1.33	106	0.817	156	0.393	206	0.225
7	1.60	57	1.32	107	0.806	157	0.388	207	0.223
8	1.59	58	1.31	108	0.795	158	0.383	208	0.221
9	1.59	59	1.30	109	0.784	159	0.378	209	0.219
10	1.59	60	1.30	110	0.773	160	0.374	210	0.217
11	1.59	61	1.29	111	0.762	161	0.369	211	0.215
12	1.59	62	1.28	112	0.751	162	0.365	212	0.213
13	1.58	63	1.27	113	0.740	163	0.360	213	0.211
14	1.58	64	1.26	114	0.729	164	0.356	214	0.209
15	1.58	65	1.25	115	0.719	165	0.351	215	0.207
16	1.58	66	1.24	116	0.708	166	0.347	216	0.205
17	1.57	67	1.23	117	0.697	167	0.343	217	0.203
18	1.57	68	1.22	118	0.686	168	0.339	218	0.201
19	1.57	69	1.21	119	0.675	169	0.335	219	0.200
20	1.56	70	1.20	120	0.664	170	0.331	220	0.918
21	1.56	71	1.19	121	0.654	171	0.327	221	0.196
22	1.56	72	1.18	122	0.643	172	0.323	222	0.194
23	1.55	73	1.17	123	0.632	173	0.320	223	0.192
24	1.55	74	1.16	124	0.622	174	0.316	224	0.191
25	1.54	75	1.15	125	0.612	175	0.312	225	0.189
26	1.54	76	1.14	126	0.603	176	0.309	226	0.187
27	1.53	77	1.13	127	0.593	177	0.305	227	0.186
28	1.53	78	1.12	128	0.584	178	0.302	228	0.184
29	1.52	79	1.11	129	0.575	179	0.299	229	0.182
30	1.52	80	1.10	130	0.566	180	0.295	230	0.181
31	1.51	81	1.09	131	0.558	181	0.292	231	0.179
32	1.51	82	1.08	132	0.549	182	0.289	232	0.178
33	1.50	83	1.07	133	0.541	183	0.286	233	0.176
34	1.50	84	10.6	134	0.533	184	0.283	234	0.175
35	1.49	85	1.05	135	0.525	185	0.280	235	0.173
36	1.48	86	1.03	136	0.517	185	0.277	236	0.172
37	1.48	87	1.02	137	0.510	187	0.274	237	0.170
38	1.47	88	1.01	138	0.502	188	0.271	238	0.169
39	1.46	89	1.00	139	0.495	189	0.268	239	0.168
40	1.46	90	0.992	140	0.488	190	0.265	240	0.166
41	1.45	91	0.981	141	0.481	191	0.262	241	0.165
42	1.44	92	0.970	142	0.475	192	0.260	242	0.163
43	1.44	93	0.959	143	0.468	193	0.257	243	0.162
44	1.43	94	0.948	144	0.461	194	0.254	244	0.161
45	1.42	95	0.937	145	0.455	195	0.252	245	0.159
46	1.41	96	0.927	146	0.449	196	0.249	246	0.158
47	1.41	97	0.916	147	0.443	197	0.247	247	0.157
48	1.40	98	0.905	148	0.437	198	0.244	248	0.156
49	1.39	99	0.894	149	0.431	199	0.242	249	0.154
50	1.38	100	0.883	150	0.425	200	0.239	250	0.153

개정판

한계상태법 VS 허용설계법

철골구조

초 판 인 쇄 | 2022년 8월 5일
초판2쇄발행 | 2025년 2월 5일

저　　자 | 김영수
발 행 인 | 이성범
발 행 처 | 문운당
주　　소 | 서울시 종로구 혜화로5길 16 (명륜1가 45-3)
출판등록 | 1962년 7월 4일 제 1-139
전　　화 | (02)762-6010
이 메 일 | 영업 munun2@daum.net
편집 munundang@naver.com
홈페이지 | http://munundang.co.kr

ISBN 979-11-5692-631-3 93540

정가 16,000원